# 爱的勇气

［美］斯蒂芬·吉利根（Stephen Gilligan）◎著
郜牧寒◎译

海南出版社
·海口·

版权合同登记号：图字：30-2022-048 号

**图书在版编目（CIP）数据**

爱的勇气 /（美）斯蒂芬·吉利根
(Stephen Gilligan) 著；郜牧寒译 . -- 海口：海南出
版社，2023.6

书名原文：The Courage to Love: Principles and
Practices of Self-Relations Psychotherapy

ISBN 978-7-5730-1136-7

Ⅰ.①爱… Ⅱ.①斯… ②郜… Ⅲ.①心理学－通俗
读物 Ⅳ.① B84-49

中国国家版本馆 CIP 数据核字 (2023) 第 072191 号

**爱的勇气**
**AI DE YONGQI**

作　　者：〔美〕斯蒂芬·吉利根（Stephen Gilligan）
译　　者：郜牧寒
出 品 人：王景霞
责任编辑：闫　妮
选题策划：银河系
责任印制：杨　程
印刷装订：三河市中晟雅豪印务有限公司
读者服务：唐雪飞
出版发行：海南出版社
总社地址：海口市金盘开发区建设三横路 2 号　　邮编：570216
北京地址：北京市朝阳区黄厂路 3 号院 7 号楼 101 室
电　　话：0898-66812392　010-87336670
电子邮箱：hnbook@263.net
经　　销：全国新华书店
版　　次：2023 年 6 月第 1 版
印　　次：2023 年 6 月第 1 次印刷
开　　本：700 mm × 1000 mm　1/16
印　　张：13.75
字　　数：158 千字
书　　号：ISBN 978-7-5730-1136-7
定　　价：49.80 元

## 心理学、生命和爱的再教育

这真的是拖了很久的一篇序。尽管一直以来，我跟很多人聊起过《爱的勇气》这本经典之作，但是这篇序，却迟迟未能真正落笔。原因无他，越是大师的经典之作，越是敬重审慎。越是期待着尽早与世同享这门好学问，反而愈发要求自己：要更深入地与其对话后，再认真推荐。

斯蒂芬·吉利根是享誉世界的顶级催眠大师，我与其相识在广州慧真李悦女士举办的催眠课堂。每一位跟他学习过的人，都会被他深深的临在状态与深刻的教导所感染、吸引，温柔、勇猛、顽皮三种能量都在他身上呈现。他的思想这些年对我亦影响至深，因为讲课与传播心理学的需要，我每年都在各个城市之间穿梭，而《爱的勇气》是陪伴我最多的旅途伴侣。

绝大部分人对催眠有很深的误解，认为催眠是让一个人睡觉，或是对一个人的身心操控，这更让我觉得必须要认真推广这门学问。正如本书名字，其实催眠是每个人爱的勇气，是唤醒每个人内心生生不息的能量。催眠是你相信了什么，是自我暗示——我选择与什么样的能量联结？

与自我的使命与生命的意义联结，是最有力量的催眠。心理学，已经是每个人的生命义务教育，让我们每个人成为生命的创造者、生活的艺术家。心理治疗应有如诗的演绎，而不仅仅是科学的解构。

吉利根在《爱的勇气》说过这样一句话："生命是美好的，但有时它也会令你痛得要命。"我们身边的大多数人都活在自己的各种痛苦中，或反复被负向的情绪包裹，哪还有能量去感知生命的美好？

人的幸福，终究取决于什么？

十余年来，我不断地通过大量学员的故事梳理一个思考：一个人要获得身心的健康幸福，最重要的元素是什么？

最终的答案就是一句话：你的生命中拥有多少正向的关系？具体来说，要想实现更高层级的心灵幸福，我们要有能力创造三种最基本的联结：联结自我、联结他人和联结场域。

1. 联结自我。我们能觉察自己的真实需求，也有能力创造自己当下需要的东西，并且能够认识到自己正处于这样的水平中。我们在生活中创造的一切，无论幸福与痛苦，都不过是和自己的关系的投影。

2. 联结他人。我们只有认识自己，联结自己，爱自己，才能真正看见他人，联结他人，并感受到这个世界的爱。否则，这种联结就只是头脑层面的联结。我们的力量，源自每一段滋养的关系与关系的滋养。

3. 联结场域。吉利根建议把场域看作一个有生命的、有活力的存在，帮助人觉醒的存在。换句话说，场域是有生命的，它帮助个案成为更纯粹的人。当我们与场域失去联结时，就会出现问题。

联结自我、他人、场域，我们才能联结到爱的勇气，并建构我们真正想要的幸福人生。这本《爱的勇气》是对吉利根自我关系身心治疗法的阐述。框架简洁却饱含成长的诗意，共分三部分：第一部分呈现自我关系身心治疗法的基本原理和伦理准则；第二部分介绍了将这些原则放到关系行为中的基本实践；第三部分介绍了三种基于自我关系的基本原则和练习来帮助个案摆脱困境的不同疗法。

通过这本书，每个人可以找到属于自己的生命承诺，并真正学会爱自己的方法。恭喜你，在生命的这个时刻阅读到它，期待着你能借助它找到自己的生命之光并保持它——因为总有人会借着这束光走出黑暗。

心理学，是对爱和生命的唤醒，更是对爱和生命的再教育。我们只有在爱和关系的滋养下，才能有勇气、有力量地面对自己的命运，活出真正的自己。唯愿每一位读者：在合上最后一页之际，能与久别的自己重逢。

秋文心理 李文超

2023年2月

玛丽卡王后（Queen Malika）是憍萨罗国[1]国王（the King of Kosala）的妻子，她是最先皈依佛教的女性之一。国王不是佛教徒，但这并不影响他俩的感情。在一个满月之夜，他们共沐浪漫——要知道，佛教是很浪漫的。国王问："亲爱的，谁是你的最爱？"国王期待她会说："陛下，我当然最爱你。"

但作为一个佛教徒，她说："你知道的，亲爱的，我最爱我自己。"国王说："是的，仔细想想，我也最爱自己。"

第二天，他们去见佛陀，佛陀说："每个人最爱的都是自己。"如果你最爱自己，那就会明白其他所有人最爱的也是自己。爱自己最好的方法就是不要剥削自己。如果你培养自己的贪婪、仇恨和妄想，受剥削最多的也会是你自己。

我想也许在西方极乐世界，人们可以学到如何自爱。我认为人们对自己都有极大的仇恨。爱自己是解脱的第一步。

佛陀对国王和王后说，接下来的一步是不要觉得自己比别人高尚。对我来说，那是解脱的一部分。如果你能练习觉察到不觉得比别人高尚，那么就更能练习觉察到不用去感觉是否比别人低劣，最终你将能学习到不用去感觉是否与别人平等。这样一来，你就可以超越二元论。一旦超越二元论，那么就可以做到互即互入。那就是真正的解脱：超越二元论的解脱，超越你我，超越吾与汝。

——苏拉克·锡瓦拉斯卡（Sulak Sivaraska）

1 印度列国时代的十六强国之一。

本书旨在研究如何使用心理疗法培养去爱的勇气和自由。在我们所处的时代，人们越来越自闭，越来越脱离于社群，也逐渐忘记了如何去爱，而仇恨和绝望开始占据生活。本书的目的就是用爱的力量来抚平仇恨和伤痛，打开心扉拥抱世界，重新激起人们对生活的热爱。

荣格学派治疗师玛里昂 · 伍德曼（Marion Woodman,1993）提出，原子时代的主要思想是物质释放能量。这个想法呼应了老哈西德（Hassidic）的概念，即良好的行为所释放的“光芒”会覆盖到每一个个体、每一个地点和每一件事物。从这个意义来讲，心理治疗是通过释放每个人内在的能量、智慧和潜能来浇灌自爱和自信的种子，从而让旧的限制消失，新的可能性迸发。

本书的核心概念是爱的技巧，我们首先要了解爱的本质，才能有效地去爱。埃里希 · 弗洛姆（Erich Fromm,1956）说过，我们必须用更加积极、彻底的观念来代替爱的消极和感性的一面。可奇怪的是，人们通常认为，爱只有在积极的情况下才会存在，所以这种固执的想法会使人们无法清晰、明确地面对问题。更进一步地说，诸如甘地（Gandhi）、马丁 · 路德 · 金（M.L.King）或纳尔逊 · 曼德拉（Nelson Mandela）等伟大人物秉持的“感化敌人，以爱制暴”思想就属于对爱浅显的理解。这种爱的思想从心理治疗层面来说并无效果，甚至可能会带来麻烦。

本书对于爱提出了更实用的想法，并探讨了它在心理治疗层面的应用。爱是一种同时包含了保护与不操纵生命、给予与接受、成为与同在、协调与区分、触碰与释放的力量和技能，它是我们有效使用方法和技术的基础。爱的存在使我们的行为和思维更加协调，更加灵活，更加有效。如果没有爱的加入，那么心理治疗往往会成为对个案的进一步操纵和剥削。

在我们这个以电视为媒介，全面计算机化，不和谐的画面、观点和描述日渐增多的后现代时代，爱的概念变得越来越重要。迷失在这股精神频道快速切换的旋风中的，是身体的智慧、自然的节奏、这两者之间的空间及人类共通的经验。伴随着这种迷失，差异被视为威胁，进而招致更多的抗争、更多的统治 / 服从策略，以及更进一步意识上的对抗。难怪我们与自己和他人相处都特别困难。

在治疗中，我们每天都会见到因内心创伤和人际创伤所造成的影响。我们见到了太多的绝望、抑郁、成瘾、自虐及暴力倾向、持续性焦虑。我们见到的是一个爱越来越少、恨越来越多、恐惧越来越普遍的世界。我们必须以自己的方式来重新点燃自爱的火花，邀请曾经被排斥的接纳和好奇心进入内在，鼓励群体中的自我被重新唤醒。爱是可以引导这种意识和人际关系进行转变的技能。

显然，我们可以用很多种方法来培养爱。本书将心理疗法中的自我关系作为其中一种方法进行研究。在过去20年的临床应用和教学中，我开发出了自我关系身心治疗法（self-relations psychotherapy）。最初，我的启蒙导师是米尔顿·艾瑞克森（Milton Erickson）和格雷戈里·贝特森（Gregory Bateson）。后来的影响者包括合气道武术；甘地、马丁·路德·金和其他非暴力反抗人士；佛教作家佩玛·丘卓（Pema Chodron）和一行禅师（Thich Nhat Hanh）；罗伯特·布莱（Robert Bly），弗洛姆和卡尔·荣格（Carl Jung）等作家；以及我的妻子和女儿。本书最直接的贡献者是多年以来向我提供信息的学生、个案和同事。

本书分为三个部分。第一部分介绍了自我关系身心治疗法的基本原理和伦理准则。第一章描述了六个基本前提：（1）每个人的内心都存在一个坚不可摧的“柔软中心”；（2）生命之河会一直流经你的中心；（3）生命是美好的，但有时它也会令你痛得要命；（4）你有两个自我，心理学的基本元素是关系；（5）世界上还有比你更伟大的心智存在；（6）你的生命之旅是独一无二的，但你却是一个无法治愈的越轨者。这些想法为治疗师和个案提供了一个从有利的角度来看待问题和症状的基础。特别重要的是经验支持的想法，它说，如果没有一个成熟的人性存在，经验也就没有了人性的价值。

第二章探讨了我们如何处理关系差异的问题。例如，我信奉的真相和你信奉的真理之间的差异，理想自我和现实自我的差异，你的想法和你的感受之间的差异。在自我关系范畴中，尤其是在如何看待和对待“其他”（自我、真理、个体）上，这个问题是关乎心理学经验的本质的根基。本章详细介绍了三种解决关系差异的方法：原教旨主义、消费主义和爱，尤其是它们的专注特质。专注力过强会引起原教旨主义的偏执性愤怒和恐惧，最后导致对自我和世界的仇恨与毁灭。而专注力太弱则会陷入消费主义的荒地，冷漠和成瘾四处蔓延。保持“松紧适度”才会产生爱的共鸣。爱是一种精神层面的流动经验，它更强调多视角和事实之间的关系。它依赖于非暴力方法的伦理一致性和创造性，特别是在暴力的情境下，生发出应对痛苦的困境或症状的解决方案。正如我们将看到的，它需要巨大的勇气、严谨、承诺和温柔。

第三章列出了关系自我的基本前提，强调了三个特征：（1）意识的存在性；（2）对场的归属感；（3）与他人的关系性。当这三个特征活跃时，个人经验会由三个资源供应：（1）身体中的躯体自我与生命之河及其所有原型模式、感觉与经验联结；（2）认知自我以头脑为基础，并且创造意义、计划、社会理解和其他智能构想；（3）个人所属的关系场。症状就是存在性、归属感和关系性之间产生了持续性的“中断”，导致三个资源之间形成了分裂和对立。本章着重研究心理治疗如何辨别和修复这些“中断”，并重建关系自我中各部分的联系。

第二部分介绍了将这些原则放到关系行为中的基本实践。第四章概述了专注力在治疗师和个案间转换的一些方法，这些方法可以使双方更有效而集中地互动。心理治疗和生命本身是一种专注于内在和关系如何发展、维持和表达的艺术。具体的方法详细描述了从固着于情境理论（事情应该如何）的专注力转变为基于经验和场的表达（如其所是地联结和回应）。

第五章将爱作为一种实践或技能进行了研究，重点是面对抗拒或困难时该如何处理。首先提出了一个关于自我作为关系联结编织多个身份的原型练习；其次是有效的经验支持技能；最后介绍一下施受法，施受法是一种改变负面经验的传统藏式方法。

第三部分介绍了三种基于自我关系的基本原则和练习来帮助个案摆脱困境的不同疗法。第六章概述了自我关系身心治疗法的基本步骤。通过对具体问题的阐释揭示了三个困难：（1）认知自我是分离的或者脱节的；（2）躯体自我是“被忽视”和“失控”的；（3）负面支持者用自我疏离的方式发动攻击。自我关系身心治疗法可以重新唤醒并维持认知自我的存在和能力，接纳并融合被忽视的躯体自我，以及辨别和区分负面支持者。

第七章介绍了心理治疗的原型关系，详细阐述了生命流经你的更早期的想法。我们会看清生命如何要求我们发展出相应的能力，以及每种生活方式都可借由一种传统原型描绘出来。例如，学会如何爱，并成为比我们更伟大的东西的一部分，与情人原型有关。学会辨别、践行责任，以及保持特定的界限，可以体现到战士原型上。切换自己的角色、治疗心理伤痛，以及改变框架是以魔术师 / 治疗师为原型的。祝福每一个生命，并给予生命内在和外在的每一个方面定位则是国王 / 王后的工作。每一种原型都有许多表现方法，一些是正面的，另一些是负面的，而支持的力量、爱和其他自我关系的原则能够将负面转变为正面。

最后一章对治疗仪式进行了介绍。我们把症状看作人在转变身份认同时发生在内部的原型能量的变化。如果没有某种文化背景来接受和引导这些能量，个体就会痛苦和困惑。从这个意义上说，症状是在没有仪式容器的情况下所进行的一种仪式。本章探讨了在治疗中，如何提供一个容器来容纳、祝福、引导和鼓励原型能量的积极转化。

在本书中，我们把心理治疗看作一种严肃而诗意的行为，而不是字面意义上的科学事实。艾伦 · 金斯伯格（Allen Ginsberg,1992）是这么解释诗意一词的：

真正的诗人是心灵意识的实践者，或者是真相的实践者，他们有着觉知宇宙万物并洞察宇宙核心的魅力。诗歌不仅仅是高雅的爱好或自我表现主义，为的是追求感觉与奉承的贪婪动机。古典诗歌更像是一个“过程”或体验——一种探索真相本质和心灵本质的体验。

……你需要某种去制约化的态度——去除僵化和不屈不挠——这样你才能抵达全然思考的核心。这与传统佛教思想中的“舍弃”类似，舍弃即为放弃制约心灵的一切念头……需要培养对自己的想法、念头的宽容——感知自己心灵所必需的宽容，自我慈悲是接受意识过程和接受原始心灵内容所必需的。（PP.99-100）

诗歌的一个主要目标是将语言与感觉重新组合起来，并将作者要表达的意义从固定含义中解放出来。这也是自我关系身心治疗法工作的目的，即研究并培养个体的关系自我，一个既能容忍差异又能创造和谐的自我。愿本书能成为你心中的诗，唤醒你和他人的内在心灵！

世间几乎没有任何一个词比“爱”更模糊、更令人困惑。人们用爱来表示除仇恨和憎恶之外的几乎每一种感觉。从对冰激凌的爱到对交响乐的爱，从温柔的共情到最强烈的亲密感。“爱上”某个人，就会感觉到爱。他们把这种行为称作是依存性的爱，也称作占有欲。事实上，人们相信没有什么比爱更容易了。唯一的困难在于找到合适的对象，而他们在爱情中找不到幸福是因为他们运气不好，没有找到合适的伴侣。但与所有这些困惑和一厢情愿的想法相反，爱是一种非常特殊的感觉。虽然每个人都有爱的能力，但实现爱却是最困难的成就之一。

——弗洛姆（1974,P.13）

**献给我的母亲——凯瑟琳·吉利根（Catherine Gilligan），是她鼓舞和激励我拥有爱的勇气。**

## 第一部分　原　则

### 第一章　自我关系身心治疗法的基本前提



### 第二章　三种不同的问题处理方式



### 第三章　自我关系身心治疗法是如何解决问题的

## 第二部分　实　践

### 第四章　身心复原与成长：保持正念和联结



### 第五章　自我关系身心治疗法的支持练习



## 第三部分　治疗方法

### 第六章　自我关系身心治疗法的基本步骤

# 第一部分

## 原　则

# 第一章

## 自我关系身心治疗法的基本前提

那个我找寻不到的中心，

一直为我的潜意识所知。

——奥登（W. H. Auden）

人类即语言，无论开口或沉默，言语都会从你身上流经而过。每一件事物都浸润着快乐与温馨，都因语言的愉悦而持续流传。

——鲁米（J. Rumi）

每一种疗法都是在生命如何运转与不运转这一信念引导下使用的。它们隐秘地穿梭于治疗性对话的多层结构中。我们先来探讨一下自我关系身心治疗法的这个基本前提，也就是贝特森所说的“交织而成的整体”。如表1.1所示，这些前提为治疗师和个案提供了一种全新的思维、感知、体验与行为方式。

**表1.1 自我关系身心治疗法的基本前提**

1. 每个人的内心都存在一个坚不可摧的"柔软中心"。
2. 生命之河会一直流经你的中心。
3. 生命是美好的，但有时它也会令你痛得要命。
4. 你有两个自我，心理学的基本元素是关系。
5. 世界上还有比你更伟大的心智存在。
6. 你的生命之旅是独一无二的，但你却是一个无法治愈的越轨者。

## 前提1：每个人的内心都存在一个坚不可摧的"柔软中心"

邱阳·创巴仁波切（Chogyam Trungpa,1984）用"柔软中心"（tender soft spot）这个词来形容每一个人的内心。当然，其他的叫法也大同小异，例如一个人的中心、灵魂、本善、内在自我或本性。它的基本概念是，每个人的内心都可以通过体会（felt sense）被自己和他人感知到。

"体会"一词由简德林（Gendlin,1978）提出。在芝加哥大学的心理治疗研究中，简德林发现，无论治疗导向如何，判断治疗成功与否的最佳标准都是个案是否对自身的问题产生"体会"。这是一种非智力性的体验，与其说是一种情绪，不如说是一种身心感受。正如我们将看到的，体会对自我关系身心治疗法至关重要。

柔软中心的概念算得上是另一种原罪或者虚无。婴儿或幼儿很容易体验到。每个人都经历过年轻生命带来的"振奋"。而当她[1]处于弥留之际，开始慢慢卸下防御和面具时，我们也能感觉得到。当这种情况发生时，一种

1 在整本书中，人称代词的性别按章节交替使用，单数章节中使用"她"，偶数章节中使用"他"。

不寻常的感觉常常充斥着房间，笼罩在所有在场者身上。这就是艾瑞克森（1962/1980,P.345）所称的“那个常被忽视的个人存在感。”

西班牙作家何塞·奥尔特加·加塞特（José Ortega y Gasset）在和一个朋友谈到这种微妙的存在感时，谈到了他心爱的女人。朋友问他为什么爱她，加塞特回答说：“我爱她，因为她就是她，而不是别人。就是‘这个女人’打动我的心。”

中心或柔软中心的概念是自我关系身心治疗法的核心。顾名思义，当个案陷入让他们痛苦和压抑的想法或行为方式中，他们的参考框架（frames of reference）就无法与力量、资源、信心产生联结。任何试图解决问题的努力和尝试在某种程度上反而使问题变得更糟。此时个案已经失去了与中心的联结，失去了与认知自我的联结，失去了与能感受到蜕变、力量和信心的地方的联结。

然而，与中心失去联结并不意味着中心不存在。换句话说，你可以随时神游，但你从未真正离开。也就是说，你的注意力可以离开中心，但中心始终在它应该在的地方。

人们所经历的痛苦就是证明中心存在的最好证据。症状的出现通常伴随着身体的疼痛，这种疼痛就标志着中心的存在。中心不会说话，也可能不为人所知，但它的确存在。我们假设痛苦是“觉醒”过程的一部分，生命总是通过“柔软中心”来唤醒人性的善和世界的善。忽视或违背“柔软中心”就会造成痛苦，而正视痛苦，就会带来蜕变和成长。

因此，治疗师首先应培养出对中心的体会。有些人很容易做到，而有些人却不然。通常，个案的叙述会使治疗师不由自主地偏离中心，因此治疗师要注意不要只依据字面意思理解个案，而是要感受个案的语音、语调、状态，并用整个身体来感受个案的故事，去感受被故事引开的是哪个部位的体会，这些部位通常是心轮、脐轮或腹轮。

当治疗师感知到个案的中心时，就要对它的存在开放，就像声音或能量共振。治疗师要在自己体内寻找并感知相应的位置。换句话说，治疗师也要体会（回归）自己的中心并以此指导治疗。这种体会的主要目的是让治疗师和个案保持一种动态、实时的联结。治疗师和个案同时保持放松和开放是很重要的，这样对当下的觉察、感觉和对话就可以通过已经建立起的关系回路来传递。这类似于音乐家合奏或是挚友交谈，虽然语调或话语会有变化，但共振的和谐节拍却是持续的。

回归中心的过程可以使治疗师和个案趋于平静（Richards,1962），它允许治疗师无条件地面向个案的存在，并进行一种温和的聚焦和联结，就像呼吸和心跳[1]。回归中心有助于放松治疗师和个案之间意识立场的紧张和对立，从而促成一种更灵活和坦诚的关系。

回归中心后，就可以关注治疗意图了。治疗师的目的是帮助个案实现自己的目标。治疗师假设个案“正面临重大考验”；她已经在向一个关键的新方向努力，但在某种程度上受到了阻碍。当治疗师感知到非言语的联结时，她对个案目标的探索就可以转化为对其每一个积极行为的支持。这个解释的意思是，个案的内在自我正在以积极的方式引导她，但她已有的认知却让她拒绝、忽视，或者否定这种引导。这就是个案持续痛苦的根本原因。

有一位30多岁的男性个案，他是一位优秀的音乐家和作曲家。他聪明、有

1 像呼吸或心跳这样的无条件存在，意味着无论在什么条件下都会存在。这与任何有条件的行为、思想或感觉形成对比，也就是说，它们只在特定的条件下出现。我们的建议是“无条件胜过有条件”，也就是说，如果你能与无条件保持联结，那么有条件的制约就会失去其负面属性。

悟性，极具幽默感。他写了上百首歌，其中许多都相当不错。但每次考虑到要在公共场合出版或表演歌曲时，他都被他所说的“退缩、抑郁”所淹没。此时，他的肚子会特别疼，同时伴随着“抗拒”“封闭”和“不愿意面对现实”等消极的自责心理。这种自我诋毁的过程不仅使他远离人性本质，而且还抗拒聆听身体中心的表达。这导致他每次都“抑郁”好几个月，他希望通过治疗帮助自己克服“抗拒”和“任性”。

我假定疼痛来自他的中心，并遵循前文提到的路径来感受与他的中心的联结和好奇。治疗的指导思想是产生于他腹部的“抑郁感”实际上是解决方案的一部分（不是整个解决方案，而是其中的一个关键因素）。我推测他曾经遭受过暴力或忽视，所以拒绝接受“柔软中心”带给他的体悟[1]。现在，他的另一个自我（我们称之为“被忽视的自我”）正坚持一种新的方向。所以回归中心开辟了一条接受而非抗争的道路，激发他了解这个中心会对自己的成长有何贡献。事实证明，腹部“被忽视的自我”在呼唤他向内看，希望他在积极呈现这些歌曲前能以不同的方式与内在产生联结。

因此，我们在这里所说的是，除了认知自我之外，对躯体自我的体会中心也是一个有效了解并应对这个世界的地方。当一个人与中心失去联结时，就会产生问题。而当中心重新联结时，新的经验、体悟和行为就会衍生出来。

---

1 《韦氏生活百科全书》（*The Living Webster Encyclopedic Dictionary*）对“暴力”(violence)的定义如下：“强烈或严厉的武力行为；严重伤害性的行为；不公平地行使权力或武力；激烈行为；过分激烈的表达或感情；对内容、意义或意图的歪曲或误传。”类似的是对“创伤”（trauma）的定义：由希腊语 trauma 演化而来，使受伤；pathol，伤口；暴力或某种冲击造成的身体伤害；由此产生的状态：traumatism，物理创伤；psychol，心理创伤，一种焦虑或不安的状态，无论是精神上的还是行为上的，是某种压力或伤害的结果，有时会影响一生。虽然每个词的第一个释义很常见，但第二个释义更为普遍。这里我们所说的暴力，无论在身体上还是精神上，都是一种诅咒，并且可能持续很长时间，这种诅咒会让个案远离“柔软中心”，带来毁灭性的后果。从这个意义上说，每一种症状都意味着重复性的暴力行为。

## 前提2：生命之河会一直流经你的中心

当我们看清自己，看清周围的世界，我们就已经在自己和它之间制造了巨大的鸿沟。我们已经不再去了解世界，它从我们的语言和思想中消失。我们的土地进出我们的身体，就像我们的身体进出我们的土地一样。

——温德尔·贝里（Wendell Berry,1977, P.22）

去感觉中心的主要原因是，生命之河就是从这里流经的。自我延伸到世界，而世界通过柔软中心进入自我。柔软中心是沟通自我和世界的大门。这种心灵上的循环在孩子身上特别明显，似乎人类所知的每一种经验每天都会在孩子身上至少出现两次！每一种情绪都被体验到，不同的心理框架都被习得。

同样，生命之河对我们的引导在艺术创作中也有所体现——艺术家特别强调“顺其自然”，这也是催眠治疗的关键指导思想。合气道也需要花大量的练习来培养对“气”或“生命力量”的感知，它们在你身上流动，把你和其他人联结在一起。治疗师可以达到一种放松又自律的专注状态，在这种状态下，治疗师的思想、图像、感觉和感知在循环流动，从而带给个案一些建议、指导、资源和其他有用的提示。

生命之河流经你的中心有两个含义：第一个是对流经一切的能量存在或灵性的体会，觉察这股能量时会有和谐、联结的感觉，这种感觉常见于音乐家、运动员和挚友之间；当这种体会因肌肉收缩或情绪解离而受限时，人们会感到沮丧或被一股外来力量所淹没。

第二个是心理动力学：人类的每一种基本经验都会一次又一次地造访你。你没有任何办法可以避免：只要人活着，就会反复经验悲伤、快乐、愤怒、喜悦、失望等。没有人能逃避，但每个人（以及每个文化、家庭或关系）都会发展出特殊的方式来处理这些经验。其中有些方式很有意义，可以让人们成长；而另外一些方式则毫无用处，甚至会造成无意义的痛苦。我们所要做的是帮助人们发展一些方法来接受和陪伴各种经验，并在经验中得到成长，就如同生命对我们期许的那样。

生命之河流经我们的这个概念，意味着没有任何单调的形象能定义我们。自我不是“受伤的内在小孩”“智慧老人”“一台无意识的超级计算机”，或者任何其他隐喻或“东西”。自我需要多元化的描述，每一种都是浪漫的比喻，没有一种是单纯的字面理解或独立存在的。当任何一种自我成为字面意义或独立存在的东西时，就会产生问题，我们也会在这个问题上循环往复，无法脱身。

当心智（mind）在我们每一个人身上流动时，它就联结着我们所有人。它不仅是容纳于我们内在的一个事物，在传统的艺术、催眠和冥想中，一个关键的过程就是经验刚刚发生的心智状态，纯粹地让它发生，并找到方法接纳、陪伴每一种意识状态。在这个观点中，心智像脉动一样流经过你，揭示了一条既普遍又特殊的发展道路。它提供了让你更人性化的必需的经验，包括愉快的和不愉快的。如果你决定接受它，你的使命就是学习觉察并配合这些心灵“建议”。这种观点与艺术创作类似，例如，以色列小说家阿摩司·奥兹（Amos Oz,1995）说过：

当我坐下来构思一部小说的时候，我的脑海里已经勾勒出了人物，也就是“角色”。通常主角是一个男人或一个女人，其他人则作为配角或是反派。我还不知道他们会发生什么，他们会对彼此做什么，但他们已经出现在我心里，我已经参与到他们之间的对话、争论甚至是吵架中。我有时对他们说：

“赶紧走，离我远点儿。你不适合我，我也不适合你。写你实在是太难了。你去找别人吧。”

有时候，我固执己见，随着时间流逝，他们也没有兴趣了，也许他们真的跑去了别的作者那里，而我什么也没写出来。

但有时候，他们倒是很固执，比如《我的米海尔》(*My Michael*)的汉娜[1]，她烦了我很久，就是不肯放弃。她说：“我就在这儿，哪儿也不去。除非照我说的写，否则你什么都甭想干。”(P.185)

同样，心智的生命（以及它在人类发展中的历史）也会在每个人身上流动不息。有时候我跟个案开玩笑地说，生命本就是挑战。我们可以说，生命的目的是让你成长为一个完全成熟和独一无二的人。它按照发展顺序给予你经验和关系，促使你成长。而挑战在于如何深入地欢迎、倾听、接受、理解和表达生活给予我们的礼物。

在这个过程中，关注灵魂的柔软中心在很多方面都大有裨益。回归中心可以使我们联结心智和身体，其中，心智又可称为认知自我，关系着我们的叙事结构、看待事物的参考框架与决策；身体又可称为躯体自我，关系着我们对自然和原型的身体感觉。联结内在的柔软中心能帮助治疗师感知个案过往经验中所隐含的美好一面，并引导个案可以在内心深处感受和信任内在这个不以认知为主的地方。它鼓励好奇和接纳的态度，而非控制和恐惧。最重要的是，它重新唤醒了生命的奥秘，让我们感觉到，我们不仅仅是我们自己，我们还存在于与比自我更广阔的关系中。因此，每个人的生命都是一幅由有机纤维编织而成的织毯。当治疗师面对个案时，可以想象自己正在织一件毛

1　汉娜是阿摩司·奥兹蜚声文坛的成名作《我的米海尔》中的女主人公。

衣，她想知道哪些新的线头正在出现，然后寻找正确命名的方式，并为它们腾出空间。

需要注意的是，奔流不息的生命之河有时会带来困难或让人不知所措的经验。因此我们要有能力关闭“柔软中心”，保护它不受伤害。当然，问题是关闭柔软中心意味着我们失去与生命脉动的联系。因此，治疗的主要目标是帮助个案再次向世界敞开心扉，同时还要学会如何正确处理生命带来的每一种经验。

## 前提3：生命是美好的，但有时它也会令你痛得要命

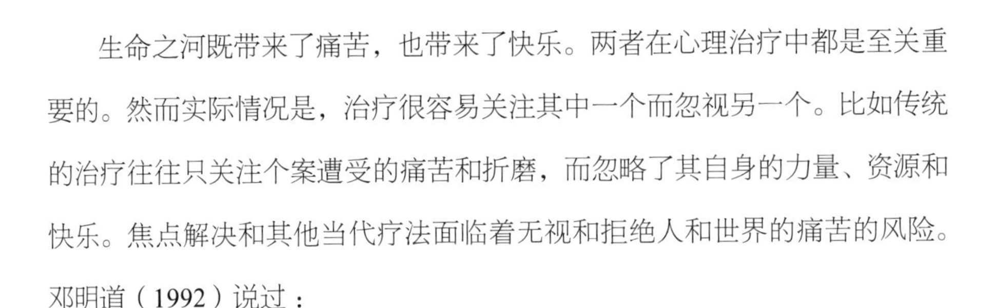

生命之河既带来了痛苦，也带来了快乐。两者在心理治疗中都是至关重要的。然而实际情况是，治疗很容易关注其中一个而忽视另一个。比如传统的治疗往往只关注个案遭受的痛苦和折磨，而忽略了其自身的力量、资源和快乐。焦点解决和其他当代疗法面临着无视和拒绝人和世界的痛苦的风险。邓明道（1992）说过：

有时我们所学的东西并不令人愉快。但通过学习，我们见识到了生命的本来面目，以及其中难以忍受的困顿。这就是为什么灵性成长总是十分缓慢的原因：不是因为没有人指导我们，而是因为我们自己必须克服伤痛和恐惧才能对生命有所体悟。

所有的生命都有恐惧的弱点。这些弱点可能是痛苦，也可能是伤害。我们每个人的内心深处都有强烈的恐惧，而我们会把这些恐惧埋藏于心底。它们萦绕着我们，攻击着我们，最后只留下丑陋的伤口。为了缓解恐惧，我们耽于美色、物欲、情爱，我们拼命追求完美和永恒。我们认为美是这个世界

上唯一有价值的东西，但它不能掩盖诅咒、暴力、混乱和不公。（P.48）

当我们有意愿也有能力活在当下，并以生命本来的面貌去体验它时，那么就会发现没有什么是永恒的，因为世间万物都在不断变化。我们可以培养出一种佛教称之为“正念”（mindfulness）的能力。这是一种对心理治疗非常重要的习得能力，它需要平和的心态，以及吸收每一种经验，然后顺其自然的意愿。正念与其说是一种“行为”（doing），不如说是有效行为之前的“共存”（being with）。它既不是被动的服从，也不是主动的反抗，而是带着非暴力主义的承诺，学习如何生活，如何去爱。一旦有了这样的经验，就是在践行佛教所说的“正行”（right action）。这就是中心的非暴力性表达，可以有效应对特定情境的不同面向。

很少有人能完美地做到回归中心，我们的很多反应都是偏离中心的。正如古希腊谚语所说，我们每天都要抛弃自己的灵魂100次，不，1000次。当我们没有回归中心时，问题就出现了。例如，我们可能会失去与中心的联结，“变成”或认同某项经验。我们在心理治疗中常常看到个案陷入某种情绪状态或某个行为中无法自拔；或者，可能试图通过分离、投射、否认、理智化、暴力等来拒绝与中心联结。此时，个案的表现（例如，批判）恰恰与她的经验（例如，恐惧）相反；也就是说，这是一种对原始经验（拒绝）的补偿或否定。

问题是，这种未整合的反应会不断重复，直到被整合为止。在这一点上，大自然似乎永远耐心，永远残酷。这可能需要数年甚至几代人，负面经验还是会再次发生，直到我们学会用爱和接纳去触及并整合它。当我们没有学会与它共存时，它似乎就是一个必须摆脱的“失控”因素。我们把它看作山姆·基恩（Sam Keen,1986）所描述的“敌人的脸”（faces of the enemy）。在治疗中，敌人的脸包括“失去人性的他者”，如“焦虑”和“抑郁”。许多心理治疗师责无旁贷地试图抹除任何非人性化称谓的存在，而自我关系身心治疗法则认为这种对“他者”的暴力态度会带来更大的痛苦。

为了辨别“被忽视的自我”，我们可以这样说：“如果我没有做过或经验过 X，那么我的人生就会正常。”“X”就是没有经过整合的部分。在自我关系身心治疗法中，我们研究“被忽视的自我”在身体的什么部位可以被感知到。这可能没那么简单，也没那么明显，因为人的自我保护机制“剥离”了与痛苦的直接联结。在后面的章节中，我们将研究如何接收和处理被忽视的自我。

很多恐惧和自我惩罚都是围绕着柔软中心中的痛苦产生的，因此，保持敏感就非常重要。我们首先要让自己的中心与个案的中心建立联结，以此作为治疗响应的基础。与非认知的中心建立联结特别有助于治疗师避免陷入个案对其经验的叙述和错误判断中，治疗师能够感知到个案的痛苦集中在何处，然后打开自己内心对应的这个中心。例如，如果个案的心脏部位疼痛，那么治疗师就可以敞开自己的心轮中心，然后与之保持平和的联结。这既是一种自我保护措施，也是一种治疗措施，因为个案的每一段经验都会触碰治疗师内心的某些部分。

例如，如果个案诉说失去孩子的悲伤，那么治疗师也会感到一些类似的情绪。当然，这种感同身受的痛苦建立在慈悲之上，也是自我关系身心治疗法中治疗关系的核心。但是，当治疗师感受个案的痛苦时，她并没有同时接受个案采用的自我否定的解读视角[1]。这就开启了一种可能性，一种用爱去联结痛苦的可能性。换句话说，治疗师并不是对个案的悲伤情绪感到恐惧或失望，而是用爱和好奇心来对待它。通过这种方式，我们可以把痛苦转换为更

1　症状包括痛苦的经验；关于痛苦意义的认知框架或叙述；对经历的行为反应（如压抑和暴力行为）。这三种层级在症状中通常没有差别，治疗师的工作是区分它们。

爱自己、爱他人的能力，这反过来又提高了我们面对生活诸多挑战的灵活性和反应能力。

在处理痛苦的经验时，还要牢记一个人的快乐、资源和力量也同样重要。事实上，当痛苦来袭时，个案会沉溺于其中而忘却一切。所以，我们在治疗谈话中应同时触及个案的创伤 / 失败和能力 / 资源，这样便创造了同时承担两者的经验。这就是卡尔 · 荣格（1916/1971）所提到的超越功能（transcendent function），这项功能将对立的心理整合为一体，是关系自我的另一个重要例子。

痛苦似乎是一个无法言说的概念。一方面，人们可能会轻视或疏远它，错误地认为他们可以通过某种思维方式或练习来避免它。而另一方面，它可能被具体化，被视为自我生命认同的一部分，并用作自残或自我仇恨的根据。这两个极端对个案来说都百害而无一利。托马斯 · 默顿（Thomas Merton,1948）曾经说过，他成为僧侣并不是为了比别人受更多的苦，而是为了更有效地受苦。有效的痛苦意味着，你要认识并接纳，它是我们生而为人活在这个世界上不可避免的且对个人成长有益的一部分。它用不着接受心理学的分析，也用不着接受同情或怜悯，否认它的存在要付出昂贵的代价。因此，我们面临的挑战是如何在避免僵化的理解或其他强制性控制的情况下，与它有效地共存，并为己所用。

空谈不如实证。在有效的痛苦中，当心朝向更深的温柔和专注裂开一道缝后，经验会发生改变，自爱也会加深。正如佛教徒所言，心注定要一次又一次地破裂。心并没有完全粉碎，而是打开了与自我和世界更紧密的联结。在无效的痛苦中，身份是僵化的，可能性是关闭的。本书的大部分内容都致力于研究有效的痛苦在心理治疗中的作用。

## 前提4：你有两个自我，心理学的基本元素是关系

到目前为止，我们已经明确地知道，每个人的内心都有一个坚不可摧的“柔软中心”。我们也了解了所有形式和价值的生命是如何流经这个中心的。它具有人类的共通经验，所以我们称之为躯体自我的原型模式的基础。例如，假设一对正在接受治疗的夫妇正在努力解决亲密关系的议题。某种程度上说，这场冲突对他俩来说是独一无二的。而另一方面，冲突又是原型：它代表了人类在夫妻关系中都要面临的一种行为。无论是谁，夫妻之间都会发生类似的冲突。通过接受和理解这个原型层次，人们就可以从集体潜意识中获得指导和资源。我们将看到与躯体自我的中心相联结是如何让这些原型资源表露出来的。

除了原型（躯体）自我，每个人都会随着时间的推移发展出第二个自我。这种自我叫做认知自我，它在大脑中比较活跃，以社会 - 认知 - 行为的语言、决策、意义、策略、判断和时间的顺序为基础。它发展出对一个人的能力、爱好和价值观的叙述。正如我们所见，除非自我认同，例如创伤、发展转变、艺术或宗教经历更需要关注，否则，认知自我通常占主导地位。此时，躯体自我的深层感觉和原型会更明显地表现出来。治疗就是如何理解并与躯体自我的原型贡献合作的过程。

如果一个人只认同认知自我，那么长此以往就会远离现实，恐惧和无意义的控制欲就会占主导地位。如果只认同持续的经验或躯体自我，那么人将被情绪、创伤和幻想所占据，遭受荣格学派所说的“原型膨胀”的痛苦。关系自我是指两个自我同时共存，而不是只认同其中任何一个。关系自我并非单纯属于某个部分：它并不“隶属”于认知自我或躯体自我。如图1.1所示，

它是一个场，这个场包含了灵性联结的不同自我。每个人都是自我之间的关系，而不是被赋予的自我身份。此外，关系自我是一个与他人共享的场，因此，与他人更深层次的统一可以通过许多方式被感知和实现。

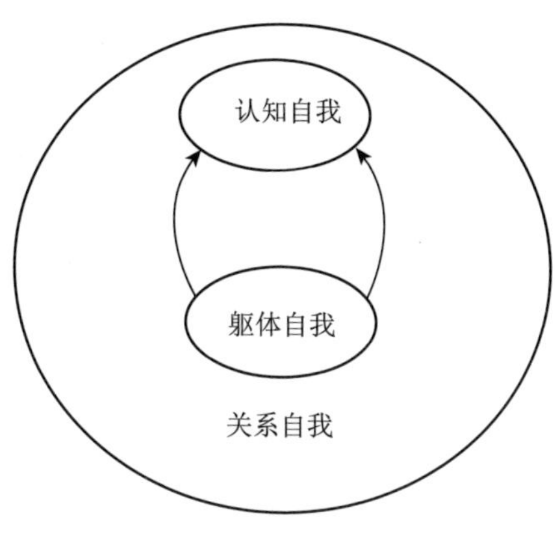


**图1.1　关系自我**

关系自我有着各种各样不同的说法。西摩·爱泼斯坦（Seymour Epstein,1994）做了大量的关于双重加工或“双重思维”模型的研究。威廉·詹姆斯（William James）用“骑士 / 马”来形容关系自我。另外良好的亲子或师生关系也体现了这一点，而艺术则把它提升到更浪漫的层次。

这里有一种方法可以用来理解躯体自我和认知自我之间的联结如何唤醒关系自我。有两个关于吃的德语单词 :“Essen”和“Fressen”。Fressen 是“狼吞虎咽”，意思是像动物一样吃 ; 而 Essen 的意思是像人一样斯文用餐。我们可以用一种更常见的说法来区分，人始于动物性（或自然），然后加入人性（或心智）。我们可以从孩子天生的快乐、暴躁的脾气、艺术表现欲、哭闹、天真的善良和单纯的残忍中看到动物性，尤其在强烈的愤怒、突然的恐惧、冒失但无法自控的行为及心理活动中表现得尤为明显。它同时也存在于暴风雨、大晴天、动物和鲜花中，存在于户外派对、热烈的性欲和政治集会中，动物性有时很美丽，有时却很可怕，有时两者兼而有之。动物性随着时间推移与人共同成长，同时也伴随着不断进化的原型形态。

人性是在文明、族群、家庭或个人中所发展出来的一种传统、形式和行为，用于接收、塑造、理解和表达动物性。正如我们所见，人性可能对个体有帮助，也可能没有帮助。当它无法起作用时，个体会产生痛苦，并进化出新的人性。

我们还将看到动物性是如何应用在这三种关系的：它可能被抑制和压迫，被忽视和放任，或者被支持和培养成为一种巧妙的表达方式。在合气道中，这三种反应方式分别被称为战斗（fight）、逃跑（flight）、流动（flow）。第三种方式是自我关系身心治疗法的重点，它需要正念和成熟的支持者技巧。

动物性 + 支持（sponsorship）= 巧妙的人性表达

支持原则是成熟的爱的核心，也是本书的重点。（例如，第五章讲述了与治疗相关的十三种支持技巧。）我们将强调两种支持：积极支持和消极支持。如表1.2所示，积极支持可以达成三个目的。它唤醒了人对自我的觉察和对世界的觉察，并介绍了如何在两者之间建立关系的技巧和方法。如表1.3所示，消极支持具有相反的效果。通过忽视或暴力，它（1）使人不再善良，（2）使人相信世界是一个可怕的地方，是一个没有爱或人性的地方，（3）带来诋毁和暴力的关系。

**表1.2　积极支持的结果**

1. 唤醒对自我的觉察：它的善良、天赋和渴望。
2. 唤醒对世界的觉察：它的善良、天赋和渴望。
3. 引介技能和传统来发展世界的自我和自我的世界：培养幸福，转化痛苦。

**表1.3　消极支持的结果**

> 妨碍一个人的中心存在，该存在就不会被命名（因此不为人知），或者因为不适合人类社会而被诅咒（这种存在可能是外来的他者，如不同的性别、种族、家庭等；也可能是内在的他者，如一种情感或生活方式）。我们变得害怕“它”（也就是我们觉醒的自我），认为它的觉醒会毁灭我们。

除非特意指出，否则我们对于治疗中支持的讨论都是指积极支持的原则和实施。我们有必要学习如何对自我、他人、组织等进行积极或消极的支持。如果没有自己和他人的积极支持，那么消极支持将占据生命的全部。治疗的目的就是帮助个案对自己以及他所生活的世界产生积极的助推力。

支持不同于拥有。它为动物性注入人性的智慧，鼓励和培养其表达方式，而不加以控制或压制。它承认他人的“你”，同时也维持着关系。这就是父母、治疗师、艺术家和运动员等面临的挑战，也是每个试图顺应人格成长的人所面临的挑战：如何接受和处理自然赋予的东西，使之良性发展，而非一味扼杀。因此，每时每刻都是支持自我、他人和世界的机会。

在人类生命早期，支持很大程度上是由诸如父母、老师、社群等成熟监护者来承担和示范的。如果监护者忽视、拒绝或妨碍一个人的中心存在，该存在就不会被命名（因此不为人知），或者因为不适合人类社会而被诅咒（这种存在可能是外来的他者，如不同的性别、种族、家庭等；也可能是内在的他者，如一种情感或生活方式）。我们变得害怕“它”（也就是我们觉醒的自我），认为它的觉醒会毁灭我们。我们变得惧怕“它”（即觉醒的自我），认为它的觉醒会摧毁我们。这导致了中心的关闭，从自然的动物性中分离出来，掉进与自我和世界疏离的感觉。

换句话说，生命流经我们，给我们带来各种各样的动物性。但是我们可以关闭对它的觉察和接纳，也可以扭曲并否定流动于体内的生命能量。所以我们通常会发展出防御和敌对的态度，这是由于早期的压迫性经验无法得到正确处理的结果。在许多情况下，症状都代表着回归中心的召唤。换句话说，虽然人在幼年时期并不具备支持的技巧和资源，但在寻求治疗帮助时，她通常就具备了这种资源。

我们将在后面的章节中看到，自我关系身心治疗法认为除了问题限定的自我之外，每个人都有一个有能力的自我。当问题出现的时候，个案并没有意识到这些，因此，治疗的主要任务就是找到个案内心有能力、有资源的自我，并邀请它“支持”和转化核心症状中未整合和未支持的部分（人性和动物性——心智与自然——接触且协调的每一次碰撞都会创造出自我）。这就是把爱当成一种勇气和技巧的原因：它需要郑重的承诺、柔软和自律，才能在冲突中（比如出问题的时候）释放爱的能量。

在海伦·凯勒（Helen Keller）的自传中可以找到一些例子来佐证支持者是如何将动物性转化为人性的。在她18个月大时，一场疾病使她失明失聪，自此她与外界几乎再没有任何联系。她将接下来的六年描述为一个充满强烈的感觉、愤怒、专注于自身和沮丧的黑暗世界。她7岁的时候，有一个支持者走进了她的生活：

我所记得一生中最重要的一天，就是我的老师安妮·曼斯菲尔德·莎莉文（Anne Mansfield Sullivan）来到我身边的那天。当我想到它所联结的两个生命之间不可估量的对比时，我感觉到非常惊讶。

你能够想象一艘船在大海上遇到浓雾，只能凭借测铅锤和测深绳航向港口，可是在一片渺茫中，又不知将要遭遇什么的那种焦虑心情吗？我在接受教育前，就像一艘迷雾中的船。只是我连测铅锤和测深绳都没有，更无法知道港口还有多远！“光明！我需要光明！”这是我灵魂无言的哭泣，就在那一刻，爱的光芒笼罩了我。（P.16）

莎莉文以非凡的爱支持着凯勒，将人类言语带入凯勒内心的动物性中（每个孩子都通过这种类似的方式学习表达情感。孩子们不知道自己的感受怎么表达，直到他们学会如何正确地为感受命名）。正如凯勒所说，她对人类社会的理解正是在她体会到语言的时候开始的。当她学会了水的符号时，就以一种全新的方式创造出对水的经验。

莎莉文老师把我的一只手放在溪流中，一股清凉的水在我手上流过。她在我的另一只手上拼写“w-a-t-e-r”——“水”字，起先写得很慢，第二遍就写得快一些。我静静地站着，注意她手指的动作。突然间，我恍然大悟，有股神奇的感觉在我脑中激荡，我一下子理解了语言文字的奥秘了，知道了“水”这个字就是正在我手上流过的这种清凉而奇妙的东西。活生生的字眼唤醒了我的灵魂，带给我光明、希望、欢乐和释放！确实，障碍仍然存在，但障碍终将被清除。

我想起了1887年夏天发生的许多事，正是这些事激发了我灵魂的觉醒。那时我做不了什么，可是我会用自己的双手去探索，去认知我触摸的每一件物体。我摸到的东西越多，了解这些东西的名称和用途越广，我对自己同世界血脉相连的感受就越强烈，我的快乐和信心也就越强。（PP.18-19）

同样，自我关系身心治疗法认为，只有在一位有爱又成熟的人类触碰并命名之后，某种经验或表达才能被视为具有人性价值。因此，在治疗明显缺乏人性价值（即症状）的经验和行为时，支持技能至关重要。正如我们将看到的，支持包括看见、触摸、提供位置、命名，并将它们与资源联结起来，与传统的表述联结起来，以其他形式巧妙地给予爱。

我们应该清楚的是，有效支持动物性并不是否定或击败它，如肯·威尔伯（Ken Wilber,1995）所说，它是“包容和超越的”。意思即为，动物性始终存在，只是被赋予人性和理性的爱。正是这种关系唤醒了它的人性价值和正确表达。而当这种关系不复存在时，那么经验或行为将不再具有人性的意义。我们要主动觉察需要支持的持续性的动物性（即症状），这也是治疗的切入点。正如我们将看到的那样，有效支持促进了动物性的整合和转化，将其变成积极的人性。

本书中列举了很多类似的例子。比如说，当治疗师和个案坐在一起时，首先与个案的中心沟通，然后认真听取个案的叙述。从某种程度上来说，个案常常会贬低或忽视中心的经验，因此治疗师需要柔和地干预。她会问个案是从哪里学到以这种方式思考或表达所讨论的经历的，以及它是否有用。很多时候，个案表示这根本没有用，但它却成为唯一选项。因此，一种以暴力和征服为特征的关系开始出现，“他人”被视为必须摧毁的“它”。自我关系身心治疗师感兴趣的是如何通过支持这些不同的“它们”转变成“你们”，来减轻暴力和随之而来的痛苦。这种类似于夫妻治疗，不同立场之间的差异被视为成长的关键，关键在于认可和尊重每一种立场，抵制和拒绝暴力，并基于身心节奏和感觉来代替表达。

这项疗法的一个重要假设是，作为动物性来源的躯体自我并不是认知自我的延伸或一部分，它是更广阔的关系自我的一部分，但拥有独立自主的机制，而且在许多方面都不同于认知自我。同样，我们可以做一个比较，例如，我的妻子首先是“她自己”，其次才是“我的妻子”这个身份。同样，当我们把自己的另一个自我看作独立自主的存在，就可以意识到它或许也是有生命的。因此，我们的任务是感受躯体自我中出现的另一个自我的中心，倾听和感知生命在其中流动，对它做出人性的回应，而非单纯认同或否定。我们的灵魂正在“觉醒”到更深层次的认知，而认知自我的任务则是“同在”并支持这种生命的觉醒。

这是本疗法的中心思想。我们认识到，每一次呼吸都赋予生命重生的意义。它可能会遭到诅咒和攻击，但症状如同资源一样很好地证明了暴力压迫最终会失败，而生命永存！这种认知允许人服从于更深层次的存在，深深扎根并与内在中心相连，内在中心受到感知和支持时便会提供给人更重要和有效的自我意识，自爱终将取代心中残留的暴力。

## 前提5：世界上还有比你更伟大的心智存在

个体的心智是内在的，但不只是在躯体里，还存在于躯体之外的更广阔的途径和信息里。个体的心智只是其中的一个子系统，这个更大的心智可以与上帝相提并论，也许这就是一些人所说的“上帝”，但它仍然是存在于相互间紧密关联的社会系统和行星生态中。

——格雷戈里·贝特森（1972, P.461）

这趟生命旅程的目的就是慈悲，当你能够超越二元对立面，你就已经拥有慈悲心。

——约瑟夫·坎贝尔（Joseph Campbell,1991, P.24）

我们一直在强调，人的智慧来源于两个方面：（1）躯体自我觉醒的中心（和动物性）和（2）认知自我的支持（和人性）。然而，关系自我之外的第三个来源同样重要。简单地说，自我关系身心治疗法认为，世界上还有一种比个体更大的力量存在。

令人惊讶的是，这个关于“更大力量”的话题历来饱受争议，它能达到最大有效性，也能带来最大的破坏性。因此，我们有必要非常谨慎地对待这个问题。但我们仍需要面对它，因为不这样做也会带来灾难性的后果。显而易见，我们都不是独立存在的个体。孤独对个体而言，往往伴随着自我能力的否定，自信心的缺失，以及无助感。如存在主义者所说，精神病学就是在研究孤独。当人与比自己更大的东西失去联结时，就会出现问题，所以重新联结到对人提供支持和滋养的关系场，这对于治疗效果极为重要。

虽然这个关系场普遍存在，但它没有固定的形式。每个人都以自己的方式来理解这个场，而且这些方式会随着时间的推移而改变。因此，在心理治疗中，我们必须始终站在个案的角度来理解他的关系场。关系场的价值在于它的生命力：一旦它成为信条、意识形态或系统的一部分，那么价值就丧失了，取而代之的是麻木的理解。因此，我们必须努力发展一种对关系场的体会，把对它的所有描述视为诗意的术语，其价值就在于它能够触及生命深层。

个案可以通过孩子的经验来了解关系场，并称之为纯真。个案可以通过政治关系来找到它，并称之为公平。个案可以通过催眠经验来知道它，并称之为无意识。个案可以通过运动技能来知道它，并称之为最佳状态。个案可以通过婚姻或友谊来认识它，并称之为爱。个案可以通过宗教活动来认识它，并称之为上帝。个案可以通过在沙滩或山中漫步来认识它，并称之为自然。

重要的是，几乎所有人都知道世上还有比自己更强大的力量存在。自我关系身心治疗法只是让我们观察到问题消失于这些经历中（诸如祈祷、社交、催眠、跳舞、呼吸、行走、触摸等）。我们研究了在幸福和问题自我消除掉的情况下会发生什么。我们注意到，在这些情况下，人总是会感觉到一种扩展的自我感知。而矛盾的是，即使自我的界限变得模糊，也会产生更大的自信感。

接下来我们要研究关系场在经历“问题”时是否会得到发展，以及如何发展。我们会在后面的章节中探讨如何将问题引入关系场并加以转换。我们会询问个案对关系场的感觉，并着重观察他们如何描述幸福感。我们建议把关系场看作一个有生命的、有活力的存在，帮助人觉醒的存在。换句话说，关系场是有生命的，它帮助个案成为更纯粹的人。人要对自己的选择和行为负责，这种“更高能力”（当你能体会到时）是可以提供帮助的。我们要深入研究的是，在配合这种强于个体的大智慧的关系场引领下，自我关系会发生什么变化，以及人在其他关系场中如何进行类似的良性配合，以及如何将成功的经验运用到有问题的关系场中。我们尤其重视退缩的崩溃和成熟的臣服（并积极支持）与比自我更伟大的存在之间的区别。在这方面，我们强调中心和认知自我同等重要。

治疗师必须认真关注个案在这方面的语言措辞，因为任何文学化表述都会适得其反。关系场不是“具体存在”，因此不能具体化表达。任何生活中的具体概念——爱、上帝、自然、社区、场——都是指向对大多数人来说无法言说但又非常真实的经验。正如本书所说，对关系场的关注在治疗过程中非常重要。

## 前提6：你的生命之旅是独一无二的，但你却是一个无法治愈的越轨者

许多个案会担心他们的问题是不是很诡异和奇怪。我尝试着向他们证明（闪烁着爱尔兰式的同情目光），他们太小看这个问题了。这比他们心中最深的恐惧要诡异得多，而且情况只会变得更糟！再强调一遍，我是以爱的方式说出的，并且只有在个案感受到自己独特的认知和存在方式的意图时，才会如此。

人根本无法完全符合他人的期待。这标志着人类发展中“骆驼”阶段的结束。尼采提出，在生命的第一阶段，我们是骆驼，跋涉在沙漠中，背负着所有人加诸我们身上的“应该”和“不应该”。骆驼只知道如何吐唾沫，它们并不为自己着想，也不反抗。骆驼死了，狮子诞生了——狮子进化出了怒吼和威严。狮子一开始可能有点不稳定，所以关键是要支持和鼓励它。但一旦骆驼濒临死亡（即开始抑郁），便没有了回头路。在骆驼死亡和狮子诞生的间隙，就是症状，治疗师可以承担助产士这一关键角色。

约瑟夫·坎贝尔曾经说过，有时你爬到梯子的顶端，却发现梯子靠错了墙。症状就是这样一种信息，个体对于生命的看法和表达方式已经不合时宜了，内在的某些东西或某些人正在督促你去找寻新出路。人性的知和行已经被生命所给予的动物性所覆盖，一个人必须先从放在他人期望之墙的梯子上爬下来，才能有效地接受并被这些新的能量转化。很少有人愿意这样做，但症状会强迫我们如此。

接受自己的“偏差”（或独特性）有利于缓解对“无休止的改变”的自我要求。渴望改变属于一种自我敌视，这种敌视源于这样的期望：如果我和现在的我不同，那么你就会爱我。这种无止境地表现出对爱的期望，最终的结

果就是你愈发觉得自己很失败。如果你能坦然地面对生活的苦痛，你会意识到一切与你无关，而是源自动物的本性。所以，诸如抑郁症这样的症状正是来自本性的声音，它们诉说着“无能为力”“无足轻重”和“无济于事”。症状代表着虚幻自我的死亡，如果我们能正确地接受和处理，便可以促使认知自我和躯体自我之间的和解。所以人需要拥有一个容器来抵御暴力中隐藏着巨大的危险。但是，在某种程度上，症状的呐喊是在提醒我们需要接受自己独特的、未被承认的需求。

我有时会向个案建议，催眠能让你了解真实的自己是多么的不可思议和难以置信。在催眠中，每个人的表现都各不相同。治疗师做出暗示，正常情况下个案会予以回应。而当个案没有回应治疗师的暗示时，治疗才真正开始，但需对症下药。从更广泛的意义上说，当一个人被比自我更强大的存在打败时，生命才真正开始。正如里尔克（Rilke,1981）的哀叹：

我们选择抗争的是如此渺小！

和我们一起抗争的又是如此强大！

只有经过暴风骤雨的洗礼，我们才会强大起来。（P.105）

没有抗拒或失败，治疗（和生命）只是一种斯文的社交游戏。失败和创伤让我们向更深层次的自我和世界开放，向更智慧的存在开放。

治疗就是一种关于如何感知这种更深层次智慧的对话。它认为每个人都有自己独一无二的方式，症状则是自我发展旅程的一部分。由于治疗师的认知和经验各不相同，所以治疗的成功是建立在治疗理论和技术的失败之上的。治疗师最多算是“神圣的傻瓜”[1]，明明知道自己和个案的方式迥然不同，但还

1 关于“神圣的傻瓜”，甘地就是一个很好的例子。他去见英国国王时，全身上下只围了一个缠腰布，当人们问他为什么时，他干巴巴地说他认为国王身上的衣服足够他们两人穿了；当被问及他对西方文明的看法时，甘地回答说：“相当不错！”

必须履行自己的职责，耐心等待个案“抵制”治疗，以发现个案内心真实的一面。所以接受和容纳这些差异的能力是良好治疗效果的保障，同时也让大家认识到，每一位个案都必须找到自己对世界独一无二的认知和存在方式。

## 小结

上述六个前提在治疗过程中可以起到极大的作用。它们源于对邱阳·创巴仁波切（1984）所说的坚不可摧的“柔软中心”（相对于“原罪”而言）的欣赏，它也是每个人的核心。痛苦来自柔软中心遭受到的侵犯或忽视。为了避免被痛苦支配，我们会编织出一个偏离中心的角色（包含一条故事线）。对许多人来说，我们的身份感是建立在否定“柔软中心”基础上的。这种否定所产生的精神焦虑和扭曲会导致痛苦，而痛苦又会造成更多的焦虑和扭曲，所以我们才会偏离中心更远，可能需要几年甚至几代人才能回归。

偏离中心是解决之道的源头。它不仅会麻痹躯体自我的痛苦，而且还会促进分离的认知自我的发展。然而，随着个人发展出资源，与躯体自我（和世界）的持续性排斥逐渐成为一种负担，而现在则有了一个更好的方法。这种方法需要发展出一种能将认知自我的支持能力与生命所赋予躯体自我的动物性联结起来的关系自我。症状是一种对中心“回归”的召唤，是整合为关系自我的机会。它需要的是臣服力量，并且愿意温和地参与和支持另一个（内部或外部）自我。不幸的是，人们会觉得臣服（或“放手”）会是灾难，所以选择继续抗拒流淌在体内的动物性。在这一点上，人性似乎永远都有耐心：只是静静地等待，待时机成熟便开始下一个愈合周期。当人感觉到再也无法控制时，就只能绝望地来寻求治疗师的帮助。

因此，个案在开始接受治疗时，内心已经开始产生不可逆的变化，无法阻挡的身份改变已经悄然开始。或者就像我们在自我关系身心治疗法中所说的，此人正在“做一件大事”，其内在正在觉醒。问题是个案在觉醒过程中已经习惯于忽视或压抑自己，所以暂时停止了觉醒。个案只知道怀疑或忽略自己，以及包容自己的关系场。而解决之道涉及一种矛盾的关系，即“不拒绝”（允许经验流动），同时“不成为”（不认同经验）。关系自我是一个包容着两个自我的场，一个警觉于所发生的一切，一个体验着生命之河的流动。我们以关系自我为基础研究出一种介于克制和放任的折衷方法，生命就不再成为问题（暂时来看）。

根据上述前提开始治疗，治疗师将注意力放在中心，然后打开专注力与个案同在，对缺乏支持但占主导地位的动物性保持好奇。在中心的位置，痛苦和资源可以被感知、抱持、命名和支持。要做到这一点，治疗师要谨记，个案是由许多个自我维系在一起的，治疗所要做的就是探索如何感知和培养这些自我之间的灵性联结。神经肌肉阻滞——即身心僵化，会阻断灵性联结，所以我们要让个案放松。当这种情况发生时，治疗师开始支持、祝福并着手处理问题，这样解决问题也是指日可待。

# 第二章

## 三种不同的问题处理方式

有一天，一个人找到一休（Ikkyu），问道："师父，请您为我写几句至理名言好吗？"

一休拿起毛笔写道："专注（attention）。"

"就这些吗？"那人问。

一休接着写道："专注，专注。"

"好吧，"那人说，"真的看不太懂您写的东西。"

然后一休写了三遍同样的字："专注，专注，专注。"

那人有点生气，问道："'专注'到底是什么意思？"

一休温和地回答说："专注即是专注。"

——席勒（Schiller,1994）

我们在这个人世间的旅途中，无时无刻不在面对种种真理、种种需求、种种表达方式、种种道路。在治疗中，这些差异可能是事情客观存在的一面，也可能是个体主观希望的一面。例如，一对夫妇想要拥有一个孩子，却没能怀孕，若究其原因，两人可能各执一词。例如，夫妻两人可能会用两种看似矛盾的方式来看待他们的婚姻。这就是所谓的认知差异——你是这么想的或是那么想的——与直觉的判断截然不同，也可能是治疗师的诊断和治疗方案与个案所认为的病情之间的不同。

处理这些差异的方式是自我认同感的主要基础。我们可能在处理这些关系时使用暴力或非暴力的办法，结果要么是加剧的痛苦，要么是逐步的成长。基于这种观点，我们认为关系是会谈的基本心理单元。荣格（1969）说过：

没有羁绊的人是不完整的，他只有通过灵魂才能实现自我圆满，而灵魂又不能独立于“非我”而存在，另一面总是存在于“你”之中。我和你的结合即为圆满，所以自己只是超然统一的一部分，这个本质只能象征性地去理解，就像圆、玫瑰、车轮，或太阳和月亮的神秘结合。（P.39）

图2.1是对基本心理单元的一个简单说明。在关系场内，两个相互联系的小椭圆至少对任何已知的经验提出了四种观点：（1）在左侧椭圆（“自我”或“我”）中体现的价值观、经验、事实、立场等；（2）在右侧椭圆（“其他”或“非我”）中体现的价值观、经验、事实、立场等；（3）两种立场的关系；（4）将它们包容在内的场。

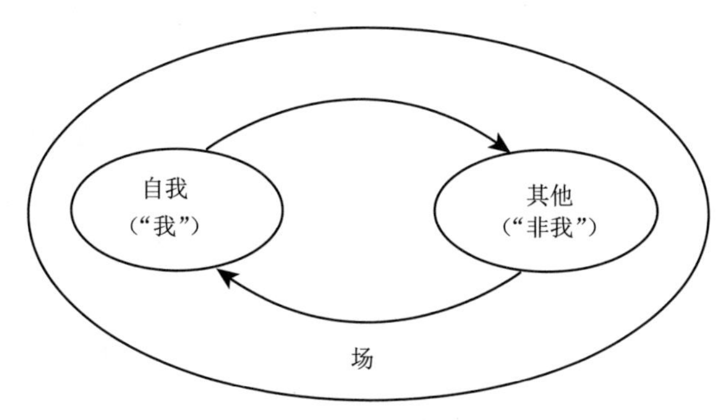


**图2.1　心理会谈的基本单元**

这些概念除了代表任一关系经验的差异以外，还代表了每个学习周期中四种心理意识的培养：对“我”的感知、对“非我”的感知、对不同生命之间联结的感知、支持差异的对更深层次的存在的感知。每一种观点都有不同的理解方式，不同的意义，不同的价值观。通过每一种观点，人们可以发展出一种认知平衡，从而使人更完整、更敏锐和更幸福。完成一个学习周期以后，再加入新的学习内容，清空场，开始新一轮学习周期，然后再出现新的差异、新的矛盾和新的学习。

例如，有这样一个问题：独立或依存哪个更重要？这是个带有误导性的问题，因为独立和共存缺一不可（自我关系身心治疗法的其中一个原则是任何事物都包含着它的对立面）。彼此缺一是一种病态表现：独立导致控制、疏离和孤独；依存导致顺从、疏离和孤独。独立会产生依存的需求，依存又导致独立的欲望。如果允许这些需求之间“对话”，那么随着时间的推移便会出现更深层次的“依存中也有独立”，这种双方互补制造出来的“爱”产生了一种新的自我经验，一种“超越而包容”它的每一个组成部分的自我经验（Wilber,1995）[1]。伴随着一系列新的差异，一个新的学习周期开始了。

显然，在整个自我发展过程中，一切都不是一帆风顺的。我们随时可能遇到各种问题，处理不当的话就会变得不知所措、烦躁不安、迷失方向、漫不经心，或者状态不佳等。暴力或恐惧可能会在发展过程中的任何阶段作梗，导致我们故步自封、痛苦和无意识地反复。同时一个人可能会固执地坚持某个特定的观点而反对一切，有意无意地对自己或他人施加暴力以维持这种僵

1 威尔伯(Wilber,1995）在他的意识发展模型中使用了“超越而包容”的概念，借用了亚瑟·库斯勒（Arthur Koestler,1964）的“子整体”（holon）一词来描述同心圆的发展过程，其中每一个不同既是“部分”，也是“整体”。也就是说，每一个不同都包含着其他的不同，并且与同一层次上的其他不同紧密相连（因此具有自主性和能动性），同时又是更高层次不同的一部分（因此具有沟通性）。在这个观点下，尽管层次不同，但万事万物间环环相扣。

执的状态。

此时个案就需要心理治疗师的支持了。治疗师会看到各种各样的暴力行为，如成瘾性自虐、解离、自我仇视、抑郁，还有向他人施虐的行为。个案使用暴力的根本原因在于试图消灭“另一个自我”，从而获得和平。但是暴力却并不能解决任何问题，它反而强化了你试图消灭的情感或意识，并且扭曲了它的本质。问题尚未得到解决，又开始了另一番恶性循环。治疗师的任务是用正念和支持来代替暴力，这样才能得到更有效的结果，同时减轻个案的痛苦。

很多技巧和观点都可以做到这一点。本章着重于不同的处理方式会产生怎样的帮助或者伤害。我们此处遵循的是埃罗尔 · 弗林（Errol Flynn）原则，埃罗尔 · 弗林是一个电影里的传奇角色。当人们问他怎么才是正确的握剑方式时，弗林回答说，你应该想象拿着一只鸟，而不是一把剑。如果你握得太紧，鸟就会死，剑也会失去生命力；如果握得太松，鸟儿就会逃走，你手里就什么也没有了。

就像鸟和剑一样，生命也是如此。我们会看到，如果把专注力抓得“太紧”，就会把分歧变成尖锐的矛盾，从而导致原教旨主义的暴力。如果把专注力抓得“太松”，便会变得麻木不仁，从而带来消费主义的绝望和空虚。专注力保持“松紧有度”，才能有空间让爱释放生命力，从而发展出调和的解决办法。

## 抓得太紧：原教旨主义的恐惧与愤怒

在我的孤独中，

我看得很清楚，

那不是真的。

——安东尼奥·马查多（Antonio Machado, 1983）

学习周期的第一个视角是认同某个特定的理论或“真理”。我们发现某些事物能带来活力、兴奋、希望或契机，它可以是科学方法或《圣经》的教义，可以是艾瑞克森的作品，可以是 Grateful Dead[1]的音乐，可以是我们的民族传统、性别知识或者国家历史，可以是权力的原则，也可以是合作主义、唯物主义、唯心主义。无论内容如何，我们开始认同这个立场，这条道路，这一真理。

对观点的认同为我们提供了立足点、理解框架、论述知识的源头，提供了对世界的独特视角，提供了只要我们坚持，美好的事情终将发生的希望。它不仅让我们在技能上取得进步，还让我们有着始终如一的认知和存在方式。但如果僵化成一种意识形态，就会导致对立、异常、孤立、退缩和顽固。如果保持时间太长或太紧，这些价值观会造成重大问题。

当生活带给我们的价值观和经验跟我们所认同的不一样时，问题就出现了（在当代生活中，这反而是常事，而不是异常）。我们可能会觉得，如果接受另一种认知或存在方式，那么不好的事情必然会随之而来，诸如混乱，自我迷失，压倒性的恐惧，死亡等。这种消极的情绪可能会加深我们的执念，只有相信我们所认同的方式才是正确的，其他都是错误的。如果僵化地保持

1 于1964年组建的美国乐队。

这种信念，那么将会发展到，将暴力视为差异方式之间唯一可能的关系。

处理关系差异的最直接方法就是原教旨主义，强调正统（orthodoxy，其中“ortho”是正确，“dox”是信念）至上[1]。如图2.1，小圆圈内的是正确的信念，圈外则是危险的和错误的观念。观察者（和被观察者）的意识无关紧要，或者最多算从属于正确的信念。动物性或其他任何自然事物的河流，在遭受压迫、控制、恐惧和侵犯，因为这条河流正在不停地改变经验和理解的本质。关于“真理”或“应该”的意识形态是一种运作的隐喻，而不是意识或关系的经验。原教旨主义（正统派）的意识形态作为一种常见的（也许是最常见的）经验，并不局限于任何特定的内容或信念。这并不是“右翼”或“宗教”的专用方式。它可以适用于任何内容，任何理论或表达，包括那些明确的非原教旨主义原则（比如目前这个）。毫无疑问，“自由”原教旨主义和“保守”原教旨主义一样多，世俗主义和宗教主义一样多，诸如此类。的确，我们每个人每天都会多次涉及原教旨主义观，每次面对当下的现实和不同的真理时，我们都会关闭心门。这就是一个典型的抓得太紧的例子，所以值得仔细研究。

原教旨主义的前提是根据对某个单一真理的忠诚来定义个体身份。这个真理被揭露在某一特殊情境中。我在这里粗略地使用“情境”一词，指的是任何文字、图像和感觉的框架。治疗师的理论就是其中一种情境；个案的每一段记忆、经验或故事也是如此。原教旨主义认为，特殊情境揭示唯一真理，而不是某一真理。身份是基于对真理的严格遵守，情境比经验本身更重要，因此在原教旨主义中，人的主要关系是与一成不变的单一情境的关系，而不是

---

1　原教旨主义最早出现在20世纪初的美国，作为一个保守的新教运动兴起。它的拥护者被现代社会日益增长的相对主义观念所震撼，并坚持认为有一些不可改变的“基本原则”必须严格遵守和捍卫。现在几乎每一个宗教流派都有不同的原教旨主义运动。我们在这里用这个词较笼统地描述任何强烈坚持特定内容是唯一“事实”的心理学模型（见Strozier,1994）。

与当下的有机生命本身的关系。毋庸置疑，即使还有可能学习，也会使学习变得极为困难。

原教旨主义要求，情境要逐字阅读：它不能带任何浪漫、隐喻或幽默因素[1]（你肯定从来没有听说过有趣的原教旨主义漫画或辛辣的原教旨主义艺术家）。在原教旨主义中，心理身份是通过专注情境来表达的，而不是通过它观察或感受到更深层次的审美意义。因此，内在小孩的隐喻，潜意识的想法，抑郁，或者解决方案都是其字面意义的理解，而不像诗或隐喻等能表达出超越文字本身的、难以言喻却更重要的东西。用威廉 · 布莱克（William Blake）的话来说（1905/1979），“撒旦有许多名字，最常用的是费解。”

在原教旨主义中，只有一种方式是正确的，而其他都是错误的，原教旨主义将差异之间的关系视为不可调和的对立。就真理而言，你要么是局内人，要么是局外人，跨越界限的关联的可能性是被禁止的。如果任何亲密关系涉及两种不同的“真理”——我与你的关系、自我与他人的关系，那么这种亲密关系会遭到严格的禁止。如果创造性的活动——无论是幽默、艺术还是科学发现——涉及同时存在两个不同的框架，那么创造性行为和审美也是被严格禁止的[2]。如果意识状态的改变，诸如催眠，是通过假设一个人有两个不同的自我而进行的，那么催眠就是一件十分可怕的事情。

1　其中一个特殊的例子是心理治疗理论。心理治疗有上百种不同的方法，而每一种方法都坚持自己的理论。我认为把每一种理论看作一首诗而不是一个科学事实会更有帮助。我们不会去争论诗的正确性，但我们会对诗如何打动特定听众而感兴趣。

2　这种同时存在的双重思想，作为人类幽默、爱情、神话、性、狂热、游戏等独特经验的基础，已经被许多作家提出过。贝特森（1979）认为“双重描述”是生态观的最低要求，源于他早期提出的双重束缚假说，是他后期研究的主要方向。荣格（1916/1971）提出了超越功能的概念，这个概念是以同时接受两种相矛盾的真理作为个体化的基本手段。而亚瑟·库斯勒（1964）在他的著作《创造的艺术》(*The Art of Creation*) 中提出了异类联想（bisociation）的概念，以接受并融合两个截然不同的概念作为创造性活动的基础。

根据原教旨主义的观点，人们已经形成了惯性思维，所以当发生分歧时，他们就会坚信分歧不可调和（正如贝特森所强调的，差异是心理的基本单元）。事实上，赋予我和你不同立场的“我－他”关系是一个很好的处理暴力的方法，“他人”的立场被视为无效立场，因此要使用各种必要手段消灭它合理化的企图。

“他人”的无效性的一个重要体现是其本性不可逆或不可变性的信念。托马斯·默顿（1964）指出，无论是来自自我还是他人的压迫，都是建立在“邪恶的不可逆”这一前提之上的，也就是说，一旦事情是坏的、病态的、疯狂的、错误的，那它就会永远保持这个样子。如果我们接受了这一点，那么我们在道德上就有义务去消除它。这里的想法是：我们的自我只容得下自己，所以一定要干掉你（而不是我）。事实上，干掉你将给我带来新的生命和更大的自由。这便产生一系列的“最终解决方案”，以自由、净化、正义或上帝的名义，消灭罪恶、病态、疯狂或邪祟。我们心中对于“他人”的想象会演变为敌人的形象（Keen,1986）。一旦敌人的形象形成神经肌肉记忆，那么任何“热爱自由”的人都会觉得自己有正当理由和义务用暴力手段消灭它。

在临床背景上讲，个案与症状的抗争同时也是与原教旨主义的抗争。例如，假设某人经历过性创伤，那么创伤的记忆或图像会不可避免地在心中留下深刻的烙印，并影响对未来的性或亲密关系的解读。创伤的记忆会变成原教旨主义的情境，并且认为其他所有的关系都会如此，他们无法相信任何人。此外，记忆里的情境会被看作“它”，个案可能会试着远离它，尽管它会不断地出现（通过闪回、反复的创伤、类似的关系等）。

治疗师对个案的反应可能同样属于原教旨主义。治疗师会将个案的病历报告与 DSM 检查表进行对照，并将这种关系定性为“创伤后应激障碍治疗”，而非与一个有特定目标的、独一无二的人的交流。治疗会严格按照书上的规定，而非通过与人的亲密交谈进行。

作为治疗师，我们需要带着慈悲心去理解原教旨主义的发展历程。自我与他人之间“破裂的关系”是由暴力或忽视导致的，所以依然需要暴力（针对自我和/或他人）或忽视才能维持下去。我们需要认识到，减少一种形象或“主义”的认同是对于痛苦和暴力的良药，并致力于探索暴力链如何能结束和减轻痛苦。

我们对暴力要有清晰的认识，因为这是自我关系身心治疗法的基础。无论它看起来多么合理，都无疑会引发更多暴力。因此，我们要把注意力放到非暴力主义上。当人们想到非暴力时，往往会联想到无效的被动顺从或者感情用事。但非暴力的力量，即甘地所说的不合作主义（意义是来自灵魂、心灵或真理的力量或坚定信念）却是充满活力和积极的存在。为了将它和软弱区分，我们将首先研究关系问题是如何因过于松散或软弱而加剧的。

## 抓得太松：消费主义的成瘾与冷漠

把关系经验抓得太紧或太松都会产生问题。与生命的联结太松可能会在很多方面表现出来。你可能感觉不到紧张的对立，或者干脆不愿意去管。对其他“声音”的遗忘导致了对生命及微妙平衡的漠不关心。当感觉和思想像风滚草一样在不毛的荒野上毫无意义地滚来滚去时，人便再也无法看清前路。引用叶芝（Yeats）的话来说，“中心失去了支撑/万物崩塌/世界陷入了真正的混乱”。

在充斥着放任和冷漠的生活方式或意识形态中，消费主义的心理（及伴随而至的广告宣传）是最典型的。在消费主义中，“重要的它”是一个可获得的“它”（如金钱），或用于享乐的“它”，如“更多的汽车、房子、啤酒、薯片、妻子、奖杯、玩具、治疗理论等”。这种观念认为，个人（“我”）才是基本单元，而非关系或社区。在消费主义中，得到的“东西”越多，就越有成就感和满足感。如果我得到那份工作，我会很高兴。如果我吃了那药，我会很高兴。如果我买了那些衣服，我会很高兴。如果我读更多的书，我会感觉更聪明。

当现有消费无法给你带来幸福感时，那么根据广告宣传，你只是消费得不够多而已。如鲍勃·迪伦（Bob Dylan）说的，金钱本身不会说话，它只是宣誓而已。隐私（引申自拉丁语“剔除”或“从团体中剔除”）是最有价值的，摆阔思想、财产和感觉的隐私（和孤立）。共有、共享、社群、相互联结、共同存在的事实被贬低了价值。这是一种成瘾性的恶性循环，最终会导致抑郁、疲惫和对生活的悲观冷漠。【霍华德·休斯（Howard Hughes）万岁。】

消费主义的一个主要理念是“不求最好，但求最多”。越多越好：更多的选择，更多的电视频道，更多的金钱，更多的信息，更多的治疗，更多的权力，更多的鞋子，更多的话语，更多的食物，更多的药物，更多的怜悯，更多的敌人，更多的愤怒，更多的表达。随着消费主义的步伐加快，诸如“你怎么知道你已经足够了？”“你什么时候会满足？”等问题实际上永远不会有答案。专注于“下一个”的消费，人性的价值和关系会受到影响。物质主义（materialism）（引申自“mater”或“mother”）将关系理解为“我想要 / 我应得 / 我需要满足我所有的需求”，这自然就会导致人只关心自己的利益，对眼前利益以外的东西一律不予理会，从而造成孤立和孤独。在治疗中，消费主义会把“你想要什么？”这个问题放在最重要的位置，而“生命能从你这里得到什么”这个问题则被完全忽略了。

与“越多越好”类似的另一个理念是“越快越好”——更快的汽车，更快的医疗，快餐，快速启蒙，快速修复，快速堕落。计算机时代取代了生物钟，所有的一切都在飞速变化，变得更加混乱和消极。

在消费主义中，“给予和接受”这一关键的关系动力被扭曲成销售和购买。一个人整天工作，把自己卖给那些用他的劳动力来生产商品的商家，然后回家以后通过消费大量的“商品”来“放松”。艺术被广告取代，诗歌被广告词取代，讨论被虚伪妥协取代，爱被敏感和放纵取代，性爱被色情取代，努力被捷径取代，幽默被讽刺和嘲笑取代，参与被袖手旁观取代。简短来说，人类成为消费者，并且通过物质消费和购买行为来追求快乐。

当然，追求物质上的舒适和便利本身并没有错。事实上，物质所带来的愉悦、感官所带来的享受和舒适是生活中不可或缺的组成部分。但讽刺的是，消费主义实际上使人远离物质世界，它鼓励我们无情地压榨地球的利用价值，强调工艺性和技艺性的产品已经越来越不吃香，现在商品的命运基本上都是流水线大批量生产、消费和被丢弃。

当消费主义成为一种意识形态和主导生活方式时，它的问题和缺点就会凸显出来。从关系的角度来看，消费主义倾向于把人困在追求欲望满足的自我迷恋中。“最重要的他人”往往是被消费的商品，而非一个需要倾听和联系的人。人的自我同样也被视为可以被利用的商品，而不是一种可以被滋养和享受的生命礼物。在快节奏的消费世界里，自律、温柔、承诺、耐心、倾听、谦逊、无为都变得无足轻重。

消费主义的主要受害者是语言，尤其是意象。消费主义的一个关键方面是对意象的固化和利用。让·鲍德里亚（Jean Baudrillard,1995）深刻地描述了意象是如何通过四个阶段进化（或退化）的：（1）反映一个基本事实；（2）掩盖和歪曲这个事实；（3）掩饰这个事实的缺失；（4）不与任何现实具有关联。在最后一个阶段，话语并非关乎真理和现实，而是通过操纵符号来寻求刺激。简单地说，意象是一种令人上瘾的毒品，脱口秀和政治演讲就是明显的例子，而心理治疗也在候选之列。

当我们无法透过意象（如在诗歌或艺术作品中那样）理解更深层的生命意义时，就会产生玩世不恭、嘲弄和更多的物质主义[1]。贝特森（1972）曾警告说：

没有艺术、宗教、梦等现象加持的目的性理性必然会引发疾病，摧毁生命力。它的毒性特别来自这样一种情况：生命依赖于由各种可能性所产生的连锁回路，而目的所指向的意识只能看到连锁回路的短弧。

孤立的意识必须会转向仇恨，不仅是因为消灭他人是一种好的常识，更深刻的原因是，只看到回路的短弧，当顽固方针再次困扰创作者时，他会持续地惊讶，并且必然会被激怒。(P.146)

在消费主义中，语言进一步脱离了自然经验的节奏，认知自我与躯体自我的分离产生了毁灭性的后果。甘地为此感叹道，心灵节奏有被宇宙节奏湮灭的风险。反映在后现代主义思想中，就是“万事都是虚幻的”，语言之外没有现实，我们所能做的就是自我意识、自我参照和幽默。如果我们真的相信语言之外不存在任何东西（特别是当我们认为语言主要是口头语的时候），我

1　后现代主义的一个主要原则是没有更深层的意义，或者至少没有深层的结构。有两句话能够充分说明后现代主义维特根斯坦（Wittgenstein,1951,P.89）的“对无法言语之事，保持沉默”和德里达（Derrida,1977,P.155）的“文本之外别无他物”。这两句话并不是鼓励人们保持沉默，也没有鼓励人们对虚无的事物产生好奇，而是常常被认为是阻碍了人们辨别亚语境或反语境意义的微妙任务。

们可能会被迫说得更多，听得更少。只剩孤独和绝望互相纠缠。我们再也听不到像钢琴家阿图尔·施纳贝尔（Artur Schnabel）这样的人说的："我并不比其他钢琴家弹得好，而音符之间的停顿，才是艺术的境界！"

我们从许多方面都能看到消费主义 / 物质主义心理学在治疗中的作用，其一就是将言语与感官体验分离。症状的一个显著特征是言语或想法似乎并不影响行为或感觉。有人说"我希望这件事发生"，但是它并没有发生。当语言不具备命令性也不具备唤醒性时，语言的无能便反映出了它与躯体自我和关系场的脱节。在自我关系方面，人性非动物性，没有律动、没有跳动、没有节奏，也没有与感知经验的联结。它没有合适的命名，也没有与当前现实产生联结。当言语变得自成一体，并且无关现实时，现实也就和言语者的言语不相干了。当人感觉到"什么都不重要"时便会陷入沮丧或愤世嫉俗之中。意象代替了一切，只会加深痛苦。

对于消费主义的沉迷折磨着我们的灵魂（并且蔓延至全世界）。电视、汽车和电脑使我们与心跳、呼吸和感觉越来越疏远。我们与生命节奏的联结越来越松弛，绝望的空虚感越来越强烈。自我被孤立，正等待着被正确的内容填满。此时，人们常常会寻求并进行治疗，这是一种试图解决问题的方案。

在这种情况下，人们只看到了爱感性和伤感的一面，却忽略了爱的勇气和关系技能的部分。爱自己和爱他人是一种成熟、温柔和严肃的人生品德，但却没有被人注意过。当我们的专注力抓得太松的时候，生命赋予的经验——对自己或他人的——就像沙子一样从我们的指缝中流过。我们只能抓住意象，抓住阴影，最后变得越来越虚弱。T.S. 艾略特（T.S.Eliot）称之为"结下的苦果"。我们渴望诗人罗伯特·布莱（1986）所说的：

我们做了我们所做的，沉醉于爱欲中，然后跳进河里。我们的身体自然而然地结合在一起，就像黎明时游泳者的双肩闪闪发光，就像村边的松树在雨中矗立，这样深深的爱恋恒久流传。

有那么一天，我会对你忠贞不渝。

为了更深入地理解这种忠诚和情感，我们将专注力转向与关系自我的共情联结。

## 别太紧，别太松：与关系自我的感觉联结

真理分为两种类型：表层真理中，正确的相反面是错误；而深层真理中，正确的相反面还是正确。

——尼尔斯·玻尔（Niels Bohr）

原教旨主义的严格和消费主义的自由虽然互为两个极端，但同时还存在许多共同点。这两种都是使人脱离现实、与躯体和周围环境脱节并敌视一切的意识形态。人的主要关系不是与生命的关系，而是与情境或意象的关系（在原教旨主义中，情境保持不变；在消费主义中，意象永远在变化）。这种与人类和自然关系的脱节造成了更多的暴力、冷漠、抑郁、恐惧和孤立。

自我关系身心治疗法是一种探索如何通过不同的自我间互相联系来减轻痛苦的方法。就2.1图形中相交的圆而言，它着重强调了基本认知单元的所有成分——“我”“你”“我们”和“关系场”。我们发现，这些关系可能是一种内在的关系，比如躯体自我和认知自我之间的关系，或者人际交往之间的关系。其基本思想是，当自我能够包容差异时——这是一种需要培养的技能——好事就会发生。玛琳·奥哈拉（Maureen O'Hara，1996）称之为关系共情（relational empathy），包括感知在关系中包容和支持不同真理或经验的关系场

的能力。

这种关联性认知的一个基本前提是多个真理同时存在。当这些真理之间的关系消失时，就会发生坏事。比较正式的说法就是：

1. 问题本身并不是问题。问题是被指为问题的东西与其关系情境和关系他人之间的中断。

2. 要解决问题，就要把它带回关系联结中。

例如，某人认为“生活糟透了”，你对这样的说法做何反应？你同意还是不同意？在自我关系身心治疗法中，这样的说法是真实的，就像“生活简直无比美丽”一样真实。当事实与其互补事实断开联系，就会产生问题。当这种不平衡持续下去，就会产生控制欲和问题自我。我们看看自我关系身心治疗法是如何通过以下方式来解决问题的：（1）确认个人认同的观点（生活糟透了）；（2）激活并包容互补的事实或立场（生活是美好的）；（3）找到同时感受两者的方法。

在自我关系身心治疗法中，意象或文字并不是主要的，上帝有很多种意象。而自我也在许多方面被意象化，但自我并不是意象。它并不是一个“东西”，而是一种情境和关系发展的过程。意识通过形象和描述来感知和看见（以及被感知和被看见）一个更深层次的联结模式。因此，关于身份问题的正确答案并非“我是正统派的忠实拥趸”或“我是生命的消费者”，而是“我（和你一起）有很多共同经验”。正因为自我是从关系中产生的，所以它是流动的，并且对情境十分敏感。因此很难用文字或科学的语言来描述它，因为它不是一个固定的事物，它的形象和模式是不断变化的，有时用诗歌和关系言语更易于描述它。

如果自我是流动的，形式是不断变化的，那么它的原则和伦理就显得尤为重要。关系自我的关键伦理原则是对一切形式的生命给予爱的支持。它崇尚“己所不欲，勿施于人”的黄金法则，以及全心全意爱自己和他人（包括敌人）的誓言。它包括对宽容、谦逊、聆听、回归中心、慈悲的行为和非暴力的认识。它可能还包括加里·斯奈德（Gary Snyder,1996）所称的“野性思维”（wild mind）：

它意味着自我组织……它意味着优雅的自律、自我调节、自我维护。这就是荒野的含义。没有人需要为它做管理方案。所以我对人们说，让我们坚信野性思维的优雅自律。实际上，生命立誓崇尚简单、适度大胆、幽默、感恩、自由的工作和娱乐，使我们更接近实际存在的世界及其整体。（P.24）

从另一个传统角度讲，它可能还包括傲慢、嫉妒、愤怒、懒惰、贪婪、暴食和淫欲这七宗“原罪”。这里的“原罪”概念是在希腊射箭术语的词源意义上理解的，意思是“偏离中心”或是箭“没有击中目标”。我们既不会强调传统道德，也不会强调引起内心罪恶感的原教旨主义，但是，当人的行为与中心和外部关系脱节时，就会产生“原罪”。因为这种行为的持续存在会导致无效的痛苦（正是因为它们之间没有关联，所以彼此是孤立的），所以觉察可以帮助人“顺其自然”和“回到中心”，让人与关系自我重新联结。重点是既不要排斥也不陷入愤怒，而是与之保持联系，并“帮助”它改变。

甘地对关系自我提出了另一种看法。在他遇刺前不久，他给了孙子阿伦（Arun）一个护身符，上面刻着七大错（Seven Blunders）。甘地认为，正是这些错误使暴力出现并污染了世界。这些错误是：

- 无劳作的财富
- 无良知的享乐
- 无品行的知识

- 无道德的商业
- 无人性的科学
- 无牺牲的崇拜
- 无原则的政治

甘地把这种不平衡称为“被动暴力”（passive violence）。他坚持认为，被动暴力助长了我们这个世界上猖獗的主动暴力，任何犯罪和叛乱都源自被动暴力。他还认为，如果忽视了存在于我们之中的被动暴力，那么就永远不会有和平。

关系自我需要克服日常生活中被动暴力的心理。关系自我的经验在许多情况下都表现得十分明确。格雷戈里·贝特森（1955/1972）提出的一个伟大见解是，同时具有多重框架或真理是所有人类经验的基础，例如亲密关系、游戏、催眠、神话和心理病理学。我们可以将这一观察结论转化为以下原则：

同时激活两个看似矛盾的真理或经验以产生一种非理性的意识状态（爱、亲密、幽默、病态、恍惚、症状、娱乐、游戏等）。

例如，在恋爱关系中，一旦我们超越了理想主义“1+1=1”的浪漫，我们就会看到一个更成熟的“1+1=3”的版本。在这个版本中，“我”和“你”的差异在统一的意识场中诞生了第三个共同的“我们”。

另一个关系逻辑的例子是幽默，有趣的话语打开了偏离对方预期的一个意想不到的（有趣的）参考框架。因此，关系逻辑是意识的马克斯理论的一部分，它的首席代言人是格劳乔·马克斯（Groucho Marx）。格劳乔·马克斯是多元化理论的大师之一，他在表演引诱和哄骗女演员玛格丽特·杜蒙（Margaret Dumont）扮演的原教旨主义名媛时尤其出色。在一场戏中，他暗示晚上要去她的房间。她怒气冲冲地喊道：“你这是在暗示（innuendo）什么吗！”格劳乔用一种独特的方式回答：“好吧，我会爬进你的窗内（in yer window），并在你知道之前离开你的窗子。”“暗示”和“爬进你的窗内”的逻辑关系瞬间将思维从沉闷无聊的单一语言表述中解放出来。

接下来我们将看到身份的变化——旧身份的消亡和新身份的诞生——如何产生同时相互矛盾且多重框架的需求，并进一步检验意识状态的变化在此时为何无法避免。我们接下来将看到这些变化的状态会如何出现症状及如何治疗的，这取决于对立双方是互补还是互斥，以及是否感知到同时浸润二者的关系场（例如爱）。现在我只想简单地说，自我关系身心治疗法是一种关系性的身份认同，它通过不同的意象来观察或感知。艾略特称之为“更进一步的结合，更深层次的交流”[1]。在同时拥有多元意象或表达时，人就会从贝特森（1970/1972）所描述的单一角度的病理学中解脱出来。生命开始再次奔流起来使人焕发新生，从而允许视角、意象和情境发生变化，培养出一个全新的身心联结，使问题自我让位于关系自我。

因为关系自我既不是来源于原教旨主义，也不是来源于消费主义，所以它能够温柔而清醒地关注每一个变化。自我回归中心，根植大地，不固着于僵硬的立场，所以才会发展出更强大的影响力和存在感。成熟的爱的能力、非暴力和支持的能力会得到发展。培养这些爱的技巧的原则和实践是本书其余部分的重点。

---

1　詹姆斯·乔伊斯（James Joyce,1916）的美学理论（1991,PP.246-248）中，“看透”（seeing through）的概念非常重要。乔伊斯在托马斯·阿奎那（Thomas Aquinas）的作品基础上，认为世界上有两种类型的艺术，非正式的（或动态的）和正式的（或静态的）。在非正式的艺术中，如广告或色情作品，艺术家的意图是把人的注意力从他自己身上转移到事先限定的内容里。这就会使人产生一种激动的状态（欲望或排斥），用难以自制的行为（如购买产品）作为摆脱激动的方法。在正式的艺术中，通过事先的限定来引导人感受到一些无法限定的美或善，由此产生安静和专注的状态。在电视广告和流行文化充斥的时代，“看透”却很少得到应用，由此造成了糟糕的结果。

## 小结

我们用关系循环来形容生命的旅程。在一个已知的循环中，人以一个视角或立场（“自我”）为起点，中途留意并抓住另一个不同的视角或立场（“他人”），从差异之间的对话中催生出关系自我，最终融入灵性或爱的场。这个循环一次又一次地重复，每一次都有着不同的事实或经验，从而在里面逐渐勾勒出完美的上帝之国。

人的专注力水平是上述过程中的一个主要因素。专注力抓得太紧，可能会成为原教旨主义下恐惧和愤怒的牺牲品。在原教旨主义中，他人被认为是不可逆转的危险。如果专注力抓得太松，就可能对他人漠不关心，从而陷入愤世嫉俗、空洞的消费主义的深渊。当人秉持“不太紧，不太松”的时候，则会培养关系共情和具有矛盾逻辑的爱的技巧。

当然，人可能会在这些不同的关系之间转换。原教旨主义可能在某一点上占主导地位，而消费主义可能在另一点上占主导地位。认同任何一种都会出现问题。本书的其余部分致力于研究自我关系身心治疗法如何有助于解决这些问题。

# 第三章

## 自我关系身心治疗法是如何解决问题的

世界是如何起源的？对于犹太教神秘主义者来说，世界源自收缩（withdrawal）。上帝收缩了他的自我，为世界留下了生存的空间——在那之前，上帝无处不在，充满了每一个空间和每一个维度。而在上帝收缩之后，神圣的能量进入了新的世界，但是圣光，这个神圣的能量太强大了，撑爆了试图容纳它的世界，随后宇宙发生爆炸，发出了巨响。神圣的光和神圣的碎片深深地埋藏在宇宙的尘埃中，它们很难被看见，然而它们无处不在，存在于每个人的心里，存在于每一寸土地，它们是宇宙的生命和意义。

我们生活在这个破碎的世界里。我们在身体和灵魂中感受到世界的破碎，我们有时也感受到宇宙大爆炸产生的共鸣。我们的身体，就像那原始的世界一样，不是试图包容，而是尝试去抓住我们周围和体内流动的神圣的光和能量。但是，就像世界的起源一样，我们的躯体太脆弱了，而且只会随着时间的流逝变得更加脆弱。因此，神圣的光和能量开始从我们的体内流失。也许疾病真的是我们的灵魂在流失。我们在这个由破碎的希望和期望所组成的世界里探寻着完整的灵魂。

我们知道，摩西怒摔了第一套法版，然后上帝又重新给了他一套。当为圣所建造约柜的时候，拉比（rabbi）[1]告诉我们，不只是第二套法版放进了圣约柜，第一套法版的碎片也被放了进去。

碎片与整体同在，神圣的能量会在宇宙最黑暗的深处和最厚重的尘埃中散发出光芒。我们把散落在世界上的圣光物归原主，我们随时都能得到救赎。所以破碎给了我们这样的希望。

——拉比迈克尔·斯特拉斯菲尔德（Michael Strassfeld）

本章的重点是将关系自我视为整体与部分的同时体验，第一小节描述了关系自我的三个基本面向：（1）躯体自我的意识中心；（2）关系自我的场；（3）认知自我的心理关系。我们将看到这些区别如何与存在性、归属感和关系性三个原则相对应，以及这些自我的持续“中断”是如何慢慢形成症状的；第二小节提供了一个更具体的模型来说明这种情况是如何发生的，并提出了三个修复中断关系的干预原则。

## 关系自我的原则：存在性、归属感、关系性

作为一个在爱尔兰天主教酒鬼家庭长大的小男孩，我遇到过不少麻烦。通常情况下，我父亲把我逼到墙角，怒气冲冲（经常是醉酒）地问我，“你以为你是谁？”这个问题多年来一直萦绕在我的脑海中，引发了各种各样的答案，以及各种各样的提问方式。

---

1　犹太人中的一个特殊阶层，担任犹太人社团或犹太教教会精神领袖或在犹太经学院中传授犹太教教义者。

身份认同问题是心理治疗的核心。个案回答问题的方式不符合外部因素和心理内部的要求时，就会导致持续性的痛苦。例如，一个认同自己患有“抑郁症”的人会发现她只会认同关于抑郁症的说法。作为治疗师，我们需要探索人应该如何以全新且有效的方式对待和回答身份问题。

从关系的角度来看，身份并不是一成不变的，也不可以变成某一个固定意象，它是一种不断变化的情境体验。因此，自我关系身心治疗法认为自我不是一种静态的形式，而是三个不同原则的体验（表3.1），我们将依次研究每一个原则。

**表 3.1　关系自我的原则**

| 原则 | 被经验为 | 自我关系术语 |
|---|---|---|
| 存在性 | 躯体的感觉中心 | 躯体自我 |
| 归属感 | 归属于场的拓展感觉 | 关系自我 |
| 关系性 | 联结、互动、心理差异 | 认知自我 |

### 1. 自我是意识的中心：存在性原则

上帝要么在我心里，要么不在。

——华莱士·史蒂文斯（Wallace Stevens）

第一个前提是用来替代心理治疗中使用的三个主要因果隐喻，即（1）你是你的过去（个体经验）；（2）你是你的生物学存在；（3）你是你的社会背景（种族、性别、家庭等）。自我关系身心治疗法认为，这些是形成经验的重要因素，每一项都不可或缺。就像现代社会的金钱一样，如果不在意金钱，那就死定了。但是如果你把钱放到第一位，同样也死定了。因此，在尊重个人过去、生物学存在和社会背景的重要性的同时，自我关系身心治疗法认为，人是世上独一无二的意识存在。

**表3.2 存在性原则的前提**

1. 每个人的生命都是独一无二的存在；
2. 如果否认、忽视、诅咒存在的直接经验，就会出问题；
3. 为了减轻症状和痛苦，需要重新唤醒和培养内在对美好的觉察。

上述概念可以用存在性原则来表达，在图3.1中，它是用一个简单的圆来表达存在的，关键在于，你确实是作为一个人存在的。你拥有一个中心，一个受到了祝福的中心，忘记或忽视它会带来巨大的痛苦。

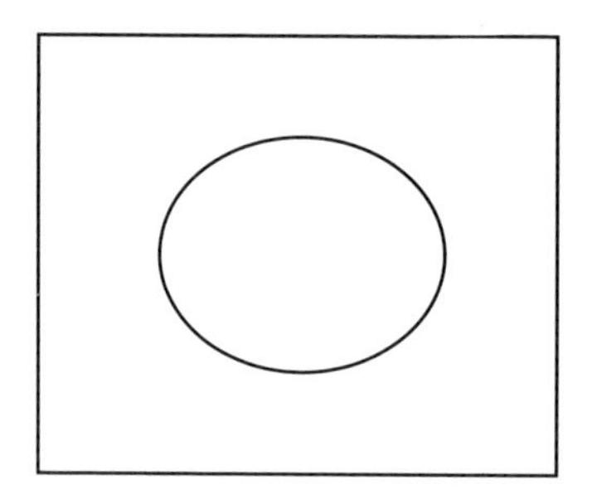

**图 3.1 在意识中可以被识别的存在**

这听起来可能有点深奥，所以我们来举几个简单的例子。如果你见到我的小女儿佐伊（Zoe），我可以对你说，“嘿！是佐伊的意识！”然后你马上就会反应过来。你会明白佐伊不是故事，也不是描述，而是意识本身，她是真实存在的！或者，如果你曾经待在一个将死之人身边，你很可能会清晰地感觉到他的意识正在消逝。

我的一个个案最近谈到了她和临终的父亲之间的冲突。她的一生都活在父亲的暴虐中，无论怎么做都换不来父亲的爱。多年以来，她和父亲断绝了联系，但一听说他因罹患癌症而处于弥留状态，便立刻去探望他。当她看到病床上奄奄一息的父亲，她震惊地发现，他憎恨和暴躁的一面已经消失了，取而代之的是温和与孤独。她形容这就像《星球大战3：绝地归来》结尾的场景，当黑暗之父被揭开面具，露出他苍老的面孔时，她的心立刻软了下来，但身体和反应仍因多年来所发生的一切而恐惧紧张。在治疗过程中，她努力改善父亲在她心中的意象及意象背后的意识的经验觉知。

同样地，我们都会陷入固着的印象或静态的故事中，然后混淆和否定流经一切的动态生命力。我们容易被诱导到固着的印象中，而且更难通过它感觉到意识自我，但我相信这是我们作为治疗师的挑战之一，也就是说，我们要感知和重新联结意识。

存在的经验是通过对躯体自我中的中心的意识来培养的。中心是多种文化的核心。马利多玛·索马（Malidoma Some）是一个遭耶稣会士绑架，后来成为牧师的非洲达加拉人，到青春期后期，他逃脱回到了自己的族里。村里的人非常担心，因为他没有经历过传统文化中至关重要的成人仪式。最后族人们同意他可以和族里较年轻的男孩一起接受仪式。索马（1994）描述了仪式上长老们的讲话：

不知为何，他说的话对我来说并不陌生，我后来才发现，他好像在用语言表达我们都知道的东西，那些我们从未质疑过、也永远不会用言语表达的东西。

他说的是，他所在之地即是中心。我们每个人都有一个中心，出生后就离开了这个中心，同时失去了与中心的联系，从童年到成年都未曾再回到中心。“这个中心有内有外，无处不在。但我们必须认识到它的存在，找到它，和它在一起，因为没有这个中心，我们无法知道我们是谁，我们从哪里来，我们要去哪里。”

他解释说，Baor（启蒙过程）的目的是找到我们的中心，对我来说这个仪式就是专门修补我13年来的背井离乡导致的分离与沧桑。我当时20岁，如果我未曾离家，那么七年前我就已经经历了这个仪式，我不知道自己是不是赶得太晚了，但后来我想，迟来总比不做强。

“所有人的中心都是独一无二的。找到你自己的中心，不是别人的中心，不是你父亲、母亲、家庭或祖先的中心，而是仅属于你自己的中心。”（PP.198-199）

中心的经验首先是通过像这样的仪式或特殊人群的祝福被唤醒的。大多数人都能记住他们生命中的某个人——家庭成员、老师、朋友，这些人把我们看作独一无二的存在。这些跟聪明智慧无关，他们能真正看见并唤醒我们的生命灵性，并将之注入我们的内在。祝福是所有人唤醒自己和世界的重要行为。没有了祝福，爱和其他灵巧的人类行为便无从谈起。

与祝福相反的是诅咒。诅咒在大多数创伤事件中都很明显，这是许多症状的先兆。创伤通常不只包括躯体上的侵犯，还包括语言上的诅咒。施暴者入侵并印刻种种否认生命的诅咒，比如“你的存在只是为我服务”“你很愚蠢”“你活该受到惩罚”“你不值得被爱”等。自我关系身心治疗法认为，这些都是消极支持，会给人植入一些外部干扰信念。这些格格不入的信念代表了“心理免疫系统”中的一种自身免疫疾病，需要将“我”与“非我”区分开来。换句话说，暴力通过外部干扰信念撕裂了人的“保护壳”[1]。

如果无法分辨并正确应对暴力，那么人就会错误地把这些外来的干扰信念当成自己的，并采取相应的行动。自我关系身心治疗法似乎可以把外部干扰信念和自我肯定的想法区别开来，将这些信念摒弃掉，并与自我内心的想法重新建立联结（White & Epston,1990）。

孩子们最初完全依靠别人的祝福来实现自己的存在感。但随着长大成熟，

1　在幼儿应对陌生人或身处不熟悉的环境中时，可以形象地看到人与生俱来的保护壳。一个3岁的孩子在家里和朋友或家人一起玩耍时，会非常活泼开朗，但在面对陌生人时可能会变得害羞，躲在父母后面寻求保护。因为孩子的保护壳太脆弱了，所以父母有责任保护他以避免任何危险。

我们进化出了通过自我生成来培养存在感的办法。自我关系身心治疗法称这些方法为自我支持练习，并对识别出在特定人那里奏效的练习感兴趣。自我支持可以通过散步、冥想、与朋友交谈、艺术等方式进行，可以让一个人重新联结到平静的、非智力存在中心。它们触及柔软中心，让人有了新的信心和更深层次的联结。通过祝福和回归中心，一个人可以抵挡住外来的诅咒，找回最初的存在。

自我支持的另一个例子就是与痛苦的关系。自我关系身心治疗法认为痛苦是生命觉醒的主要途径。有些东西正试图觉醒，但它需要人性的存在和支持才能实现。不幸的是，我们大多数的传统认知都强调避免痛苦或麻木痛苦，因为我们相信痛苦无法改变，所以接受痛苦会使事情变得更糟。自我关系身心治疗法强调，人类意识的最大天赋也许就是转化经验的能力。因此，我们可以将症状当成天赐礼物来接受和处理，虽然这往往是我们连最坏的敌人都不肯赠送的“可怕的礼物”。我们练习着接受这样的礼物作为实现对自我和世界更深的理解和联结的办法。

**2. 自我作为关系场：归属感原则**

先看到整体，再看到差异。这就是诗人的作用。

——布莱斯（R. H. Blyth,1991）

在这个新物理学领域，场和物质无法共存，因为只有场才是唯一的真理。

——阿尔伯特·爱因斯坦（Albert Einstein,1961,P.319）

在世界上，明显的分离是次要的。在对立的世界之外，我们所有人都有一种看不见摸不到，但能经验到的统一性和认同感。

——约瑟夫·坎贝尔（1991,P.25）

第一章提到了世上存在着一种比个体更伟大的智慧。在自我关系身心治疗法中，我们强调这是一种非局部关系自我的经验。尽管没有人会去主动谈起，但这种经验对大多数人来说是很熟悉的，尤其是在面临困难中如何使用它。要了解如何感知到关系自我，你可以问：

（1）你觉得什么时候你才是真正的你？

（2）当你需要重新和自己联结时，你会怎么做？

（3）什么时候生活对你来说才不算问题？

典型的回答可能有演奏或听音乐、散步、沐浴在大自然中、与好友交谈、阅读、冥想、深呼吸、编织、表演艺术、舞蹈、与家人共度时光，这些行为可以被视为自我超越的普遍经验。这是一个人每天与更大的存在建立联结的方式，同时也保持甚至加深与其中心的联结。如果被问到在这些行为中发生了什么存在性或现象学的转变，大多数人会说，内在对话减少了，时间感消失了，自我感知得到了扩展。人在这种状态下会感到更加自信和安全，较少提到“被控制”。如果你问自我感知在哪里终止，人们会很疑惑地看着你，因为明确的限制已经不复存在。这种自我拓展的感觉超越肤色和非此即彼的意识形态，在保持一个中心的同时，是自我作为关系场的体验。它将人与自己和他人联系在一起，允许在个体内部、人际关系和（常态化）超越个体的层面上建立联结。

**表3.3 归属感原则的前提**

1. 人属于（或部分）更广阔的关系场。
2. 当人在关系场中经历持续性的“归属中断”时，就会出现症状。
3. 缓解痛苦，调整症状，唤醒对关系场中智慧的觉察。

关系场的经验是由归属感原则来描述的，这种关系用传统的图形/背景

（图形 / 场）来表示，如图3.2所示。这个关系场或许属于精神上的经验（我属于一个更强大的力量，他 / 她 / 它给予我能量）；生理上的经验（我属于自然，自然给予我能量）；社会上的经验（我属于我的婚姻 / 家庭 / 文化 / 社区，它们接纳并支持我）；或者是心理上的经验（我的经验 / 观点融入更大的经验 / 记忆 / 原型，它们引导 / 告知我）。

对于某些人来说，关系自我可能会有多种甚至是多个层次的经验。关系自我是非局部经验，它不是任何真实存在的人、地方或事物。它是一个能将人、地方和事物互相联结的关系场，这个场可以用许多方法被感知、理解、使用。

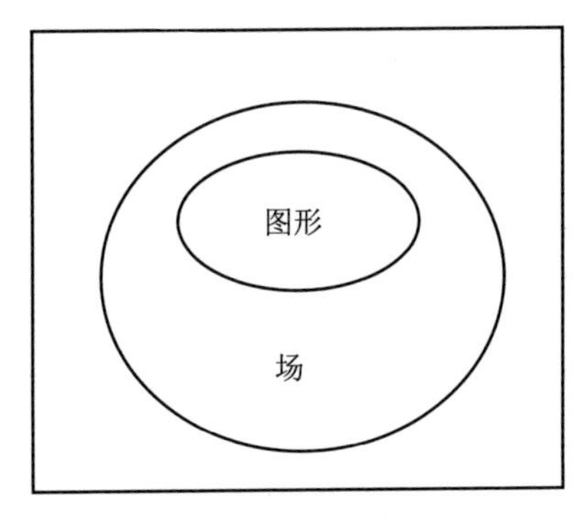


**图3.2　意识的每一项差异都属于一个更大的场**

就我们的目的而言，重要的观察结果是，当生命在为一个人工作时，当生命没有被定义为一个问题时，关系场的自我超越经验就存在了。相反地，与症状作斗争的人会在场中经历“归属中断”，就无法感知到自己与更强大的力量或存在之间的联结或交流。自我的经验收缩并且分裂，而支持自我和他人的统一的场却并没有被感觉到。这种与外部环境的割裂导致了对理智及由恐惧所驱动的控制和支配的认同（失控的体验），而不是好奇心和联结。这也是原教旨主义和其他形式的疏离和暴力的基础。

与关系场的割裂有很多种方式，其中大多数是非自愿的。有些割裂是个性化的第一步，就像青少年经历叛逆期一样。因此，归属感的割裂并不一定是坏事，这一步的分离是不可避免的，希望随后能与场重聚，在理解层面上对这个人更有帮助。但创伤之类的经历不允许这样的重新联结发生。如果暴力或创伤在内心中占据了主导，那么就会产生持续性的割裂，导致个体或经验从更大的关系场中被分离。

与关系场的联结通常会增强个体的能动性。威尔伯（1995）曾清晰地指出，在局部（个体）自我和非局部（关系场）自我之间的联系中，可能会出现两个问题：第一，人可能会失去与更大关系场的联系，陷入“没有沟通的动力”（或孤立的支配），最后把自己当成是终极能量或智慧。这种情况代表着孤独和无能为力，所以控制和支配才是人们所能想到的最好办法。第二，一个人可能会与能量场融合，发展成“没有能动性的沟通”（或依赖共生），这种情况下，个体会丢失中心，同样也会导致孤独，这种情况下个体就会寻求被他人拯救或治愈。

我们在正常意义上的“沟通的动力”中能感觉到自己的中心和与关系场的联系。它们是来自认知自我的两个方面的引导和心智来源的互补。也就是说，心智是内在中心和外部场之间的中间地带，它的主要功能之一是确保个体与关系场的交流不会打碎自己的中心，而是用更多的视角和资源来联结它。

自我与关系场产生联结的渴望是无法抑制的（Fromm,1956）。在这方面，许多心理症状在一定程度上被看作个体试图与关系场产生联系的失败尝试。最后，个体试图通过忽视或虐待自己以实现联结关系场。例如，无论是对毒品、酒精、食物、性、恶性关系的上瘾，或者说极端崇拜，最初都是一种将自己投入到“更强大的能力”之中的希望。这些致瘾剂——药物、人、导师，都是虚假的支持者，而个体付出的代价就是对自己的摒弃和虐待。因此，个体为之所做的一切得到的结果只能是空虚、沮丧和自我仇恨。正因为需求十分强烈，最初的承诺和经验也很诱人，所以个体认为也许她给予 / 接受 / 做得远远不够，这就开始了一个更具毁灭性的恶性循环，结果也越来越恶化。

这样来看，症状的一部分试图回到关系自我，而另一部分则再现暴力性的自我毁灭，这种暴力首先将人从更大的自我中驱逐出来。例如，吸毒的人希望毒品能消除她的孤独和焦虑，但实际适得其反。毒品给予的支持与她以前经历过的人类的支持一样，都缺少爱的成分。

因此，自我关系身心治疗法的一个主要焦点就是通过自爱而不是自我毁灭来帮助个案回到关系场。我们下一章将讲到一些非语言性的身心练习。例如，在诸如舞蹈、音乐、表演、合气道、雕塑、写作等艺术行为中，艺术家都会告诉你"放松"和感受节奏非常重要。这是一个严肃、严谨的过程，它允许个体与关系场产生更深层的联结。在心理治疗中，我们有很多方法来帮助个案做到这一点，包括参与和确认经验，跟随个案的节奏，鼓励回归中心和经验体会等。诸如祈祷和冥想及其他正念练习等方法也可能对一些个案有所帮助。

有很多方法可以用来探索个案对于关系场的感知，而人对"更强大的能量"的感知，只有她自己知道。这可能是在大海中的感受，可能是抱着孩子时的感受，可能是参与冥想小组时的感受，也可能是参与政治活动时的感受。同时，这个关系场本身不能用任何简单的描述来概括，因此，当人可以用一种特定的方式感知到关系场时，她就可以用一种更平常心的方式学习如何与这个场相处。

例如，一家律师事务所的高级合伙人正在为自己的工作状况而陷入困惑。每次她与合伙人开会时，都会爆发一场争吵而使她失去冷静。这一点，我们理解为压力会压迫个体的注意力，导致个体与关系场的联结“中断”。为了恢复与关系场的联结，我们可以使用任何可以感觉得到的经验。当她在家里唱歌剧时，就已经感知到关系场的存在。

当我们复盘这段经历时，她提到了她唱歌时周围出现的一种充满活力的奇妙能量。仔细分析这股能量，可以很明显地发现它与音乐体验的内容没有任何关系。相反，它是一种充满并围绕着音乐体验的活生生的存在，提供滋养、力量、直觉和中心。我们探讨了如何在办公室感知场的存在，在我们谈论这个问题时如何觉察它，以及她在事务所开会时如何唤起它。

正如她后来反馈的那样，她学会并懂得维持与关系场的联结，在接下来的会议中，这种联结发挥了很大的作用。这使她能够有效地处理与其他高级合伙人的人际关系，从而改变现状。因此，关系场的经验可以通过某些局部经验被了解，但可以应用于任何情境。

**3. 作为关系差异的自我：关系性原则**

到目前为止，我们已经了解了个体认识自我和生命的两种不同的非认知方式：充满活力的中心和对于存在的体会，以及与一个更广阔的能量场和智慧交流的感知。这实际上表明认知自我有两个缓冲区：中心和场。体验这三者对关系自我至关重要。

正如我们前面提到的；支持的前两个原则是唤醒自我意识和世界意识。第三个原则是实践，通过实践，人就不会在这两个关系场之间迷失，最后实现自我中有世界，世界中有自我。这些是认知自我的主要功能：支持经验和发展不同自我之间的相关性。

认知自我是大多数人在平时生活中所拥有的基本的、日常的自我意识。它属于社会性结构，以人的当前年龄和社会身份为基础，以当前心智为中心。它包括能力、资源、当前社会关系、技能和多元观点。它使用框架和模型来表达意义、计划、评价，并试图管理经验的世界。在症状中，这种自我意识会消失、收缩、分裂或以其他方式失去功能。个案所求的只是想回到“正常”的状态。

认知自我也是自我与世界的媒介，它的沟通方式是通过关系差异：不同的立场、不同的真理、不同的人、不同的时间或地点、不同的价值观等。与中心和场相反，它永远面临差异，并负责将这些差异联系起来建立一个有效的共同体。正如贝特森（1979）反复强调的，心智是关系，差异是心智的基本单元。因此，认知自我面临的挑战可以用关系性原则来描述。它的形式由图3.3中两个相互关联的圆来表示。在心理认同方面，关系性原则可以用主客体关系来描述。在这种情况下，个体认同主体的位置，或者我们称之为“我”的位置，同时她将注意力集中到另一个位置，即客体，或者我们称之为“非我”的位置。因此，认知自我是一种发生在关系场中的“我 / 非我”联结模式。

**表3.4 关系性原则的前提**

1. 人通过关系差异的对话来认识自我。
2. 当“关系性的中断”无法停止时，自我的经验消失，原教旨主义的自我意识占据主导地位，症状可能出现。
3. 为了减少痛苦和缓解症状，在不同的身份之间重新建立对话。

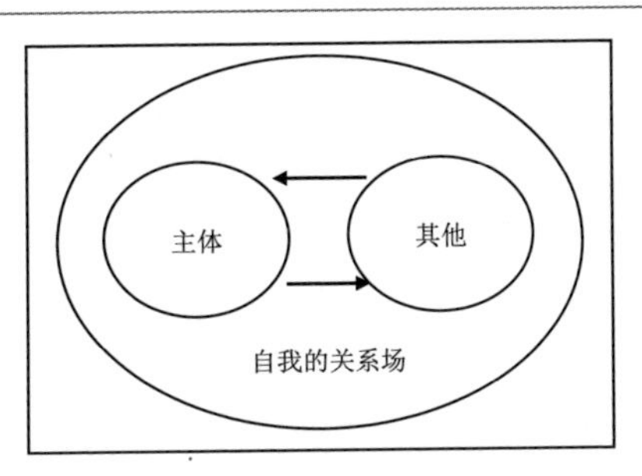


**图3.3 关系自我作为联结差异的模式**

这种我 / 非我关系可以进行各种对比。与心理治疗相关的一些差异包括：

自我（自己，我们，我）/ 他人（你，他们，它）

好 / 坏

权力 / 爱情

内部 / 外部

阳性 / 阴性

场 / 中心

个人 / 集体

健康 / 疾病

问题 / 解决

治疗师 / 个案

生 / 死

思考 / 感觉

头脑 / 躯体

意识 / 无意识

心理治疗的挑战就在于了解是什么导致这些差异。这一个是不是永远比另一个“更好”或更重要？它们能相互联系和转化吗？正因为每一项差异事实上都是相互依存的，所以自己就是自己的敌人吗？是否有一个统一的场来包含二元论？即使领会到了关系场的含义，也能尊重差异吗？这些就是关于认知自我及其所面临的普遍差异的几个关键问题。

自我关系身心治疗法表明，在正常情况下，这些关系差异在关联性对话中具有一定作用，这就是马丁 · 布伯（Martin Buber,1923/1958）所称的“我——你”关系。在亲密关系中，有一种“我”和“你”的关系，在“我”

和“你”同时存在时，便会产生自我关系中“我们”的概念。在催眠治疗（Gilligan,1987）中也反映出一种类似的“自我 /（其他）自我”关系。虚拟的概念“意识”和“无意识”可以解释诸如任其发生（“你的手可以不由自主地举起”），以及由此产生的“它正在发生，但我没有让它发生”的经验（例如，我的手正在举起，但不是我自愿的，而是老朋友“非我”正在举起它！），这是每一次催眠的核心。

智利作家伊莎贝尔·阿连德（Isabel Allende）有一个关于在写小说时培养人物关系的十分贴切的例子，在接受迈克尔·汤姆斯（Michael Toms,1994）的采访时，她讲述了她小说中的人物最初是如何像“腹中的婴儿”一样出现的。几个月来，她像怀孕一样慈爱地孕育着这些角色。然后，在她母亲的生日那天（为了纪念她的母亲，同时也是她的编辑），她创造了一个仪式。在仪式中，小说里的角色从她的子宫进入她的意识。当这些角色成型时，她遵循着三条规矩：以他们自己的方式爱他们，仔细地描述他们（他们应该自然出现，而不是基于她的意愿），描述他们之间的关系。（这种养育方式听起来很棒啊！）在加工阶段，肚子里的这些角色在酝酿整个故事；在编辑阶段，作者的听觉和写作技巧更加活跃。在这两个阶段中，创造性的关系自我都是从不同自我之间的对话中产生的：躯体自我的原型过程和认知自我的支持能力。

上面的例子表明，差异之间的关系在不同的关系场发挥着作用。关系差异需要一个关系场作为一个载体，或者如荣格所描述的，是一个“圣境”（temenos）[1]。心智差异的载体可以是自我沟通或人际沟通；也可以是个体、婚

1　在古希腊，圣地（temenos）意为祭坛或神圣之所，可以使人得到精神的洗礼和指导。后来炼金术士用这个词来表示将不同金属炼制成金的容器。这个容器需要足够坚固以承受高温高压。再

姻、家庭或更大的社群。如果载体的强度太低、寿命太短暂，那么差异就无法共存，因此，关系场对于解决冲突至关重要。

出于治疗的目的，自我关系身心治疗法通常强调学习和发展所需的三种类型的关系联结。第一种是人际关系，包括“我”和“你”（Buber,1923/1958）。当自我和他人之间的联结被极化或孤立时——我对抗你，我们对抗他们——使得问题变得更糟，暴力的可能性剧增。第二种是内省，即“头部”的认知/社会自我和“腹部”的情绪/原型自我之间的垂直关系的体会。第三种也是内省，为了处理和整合经验所需要的大脑半球关联（Rossi,1977；Shapiro,1995）。自我关系身心治疗法假设，在这些场中的任何一个持续的“关系中断”都会导致意识的“冻结”，无法继续学习，因此可能产生症状。

在问题情境下，不同立场之间的相关性被否认或忽视，正如克里希那穆提（Krishnamurti）常说的，人类的全部苦难在于主体和客体之间的鸿沟。人际间的“你”变成了一个客观化的“它”，而“腹中的它”则沦为一个需要被消灭的去人性化的其他（例如抑郁或焦虑）。

生命流经我们就像我们流经生命。在认知自我中，这代表着一系列逐步进化的认知过程[1]。关键是要想办法来尊重和珍惜每一个不断变化的经验。任何一个曾经有过亲密关系的人都会欣然承认这是一个艰难的过程。它需要人要以自己的存在为中心，对关系场开放，然后培养出对话的意愿和能力。正如“匿名戒酒会”的创始人比尔·威尔逊（Bill Wilson,1967）所说：

---

后来荣格用这个词来表达诸如婚姻和治疗等关系构成的允许灵魂中不同元素升温和转化的能量场。

1 这并不是一个线性的发展进程：它更像是一个循序渐进的螺旋上升式周期。每个周期都有一个开始、过程和结尾。例如，一段长久的婚姻可能有四到五个发展周期，每个周期都有其独特的经历和挑战，而且周期的每一部分都有自己的经验形态。例如，一个周期的结束往往包括更多的失去和认知的丧失，这通常就是个案前来寻求帮助的原因。

这不是一个普通意义上的成功故事，而是一个关于痛苦在恩典下使精神得以升华的故事。

当我们回到关系中，我们的自我体验会随着对话而发展。维持差异之间的矛盾，培养出一种更深层的和谐，以及爱和正直的能力。如果我们忠于对话，那么在某个阶段便会出现荣格（1916/1971）所说的“超越”功能：对立统一为整体，矛盾转化为整合。现在，这些差异被视为不可或缺的互补，并感受到更深层次的统一。荣格将差异从相斥转变成相依的过程描述为自我成长的核心手段。让这种显著转变得以发生的，当然是爱的勇气。

## 症状出现的原因：存在性、归属感和关系性的中断

存在性、归属感和关系性三个原则，以及它们对应的躯体自我的中心、关系自我的场和认知自我的关系差异的相关经验提出了可能帮助一个人保持现状和积极响应的问题：

1. 你能感觉到你的中心吗？

2. 你能感觉到与比你更伟大的存在的联结吗？

3. 你能把握住差异间的矛盾和统一吗？

反之，这些原则表明，症状反映了三种类型的持续中断：

1. 存在性中断：自我的善良、天赋和活力。

2. 归属感中断：精神世界、有机体世界、社会或心理世界。

3. 对“其他”自我的“关系性中断”。

在这些前提中，我们可以建立一个自我关系身心治疗法的模型。图3.4a

表示健康的学习环境所需的关系自我的三个方面：（1）躯体自我（2）认知自我（3）积极支持者。在每一项经验中，生命都带着动物性在躯体自我中流动。动物性必须被转化为人性才能实现价值。如图3.4a 所示，这种支持来自两个方面：认知自我和外部支持者。早期，认知自我的发展极为缓慢，因此外部支持者尤其重要。在他们的祝福和支持下，人格得到缓慢发展。虽然我们仍然需要别人的关注和爱，但渐渐地，我们就会具备关爱自己和他人的能力。

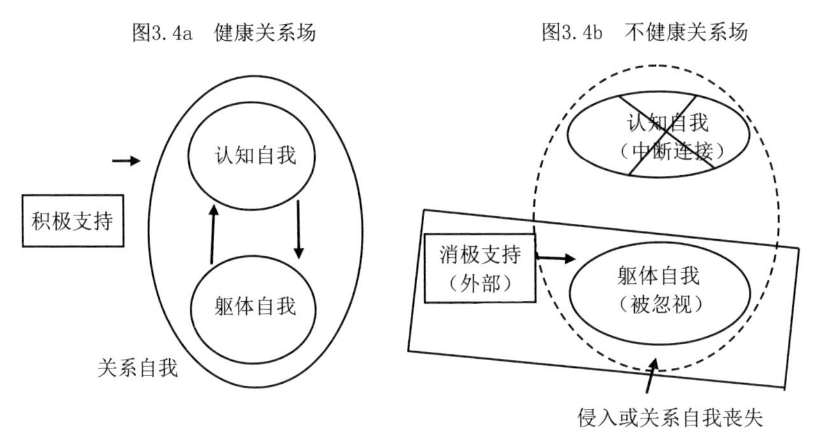


**图3.4 认知自我、躯体自我和外部支持者的关系**

遗憾的是，这个发展过程可能会受到各种方式的阻挠。外部支持者可能会带来忽视或伤害。如图3.4b 所示，诅咒对人的侵入，导致认知自我和躯体自我之间的关系中断，以及与关系场的归属中断。无论是在社交上（与他人对话）还是在身体上（Shapiro,1995），这种痛苦的中断都无法得到有效处理。它可能被否认、被大事化小、被重复、合理化或以其他方式诋毁。这些都无疑是对诅咒的确认，人们因此会将“干扰信念”内化成自己的信念。

我们在治疗中看到，当个案说类似“我真的在虐待自己”的话时，治疗师问：“你怎么知道这就是你说的？”治疗师可能会分享这样的观察结果，即当负面影响（例如，带着仇恨的自我批评）发生时，个案似乎不得不“走开”。

为了接纳被抛弃的经验和与之相关的感觉，治疗需要以温和和慈悲的方式进行。接下来，治疗师可以鼓励个案去注意当她受到这些想法的“影响”时，自我意识会发生什么样的变化。大多数个案会立即感觉到意识会收缩、解离，或者变得渺小。也许有人会说，冥想和催眠等实践的一个基本观点是，并非所有脑海中的思想都是属于自己的。我有时会带着爱尔兰式的闪烁来暗示这个人似乎遭遇了“附体”。我提出自己的观点，倾听自己的声音应该会带来更多的存在感，而不是更少。这就建立了一个关于如何从吸取生命能量和自爱的“外部干扰”中识别自己声音和愿景的完整论述。第五章和第六章会有一些方法介绍。

当问题自我错误地认同消极支持者时，也会与躯体自我分离。在自我关系身心治疗法中，我们可以说躯体自我沦为“被忽视的自我”。它的主要内容——感觉、意象、象征——遭到排斥并且它的存在令人害怕。因此，在症状中，人们把外部干扰错认为自己本身的存在，而且还把自己本身的自我误认为是不值得信任的外部存在。此外，外部干扰还导致了认知自我的退缩。

因此，问题自我可以说是以三种相关联的方式遭受折磨（Herman,1992）。首先，认知自我被收缩、解离、破碎或疏远。当出现问题时，认知自我就消失了。其次，躯体自我处于一种“神经肌肉僵硬”和恐惧的状态，其特征是情绪失控、过度反应、过度警觉、躯体化障碍和退化。最后，无法拒绝消极支持者的形象和声音，这些形象和声音将自我定义为坏、冷漠、暴力等属性。在自我关系身心治疗法的语言中，认知自我被放弃；躯体自我被忽视，被概念化，被冻结成一种固定的形式；而消极支持者则固化在外部干扰带来的诅咒和自我诋毁行为中。

**表3.5 自我关系身心治疗法的三个目标**

1. 重新关注认知自我的能力和资源。
2. 重新联结并支持被忽视的躯体自我的经验。
3. 重新联结意识与关系场。

表3.5中列出了三个相互关联的干预原则。第一，治疗性交流应深入到并获得认知自我的能力、资源及观点。这是心理治疗的一个关键但容易被忽视的方面。治疗应聚焦被忽视的自我，并且让治疗师执行认知自我的能力。在自我关系身心治疗法中至关重要的是，治疗师需要牢记个案自身所具备的资源和能力，虽然她在认同问题时并不明显，但仍可以找到。

第二，被忽视的（躯体）自我需要得到识别、认可和支持。首先，人很多时候都会先表达再隐藏自己的柔软中心，所以我们有时很难准确地感知它、命名它，并以可行的方式支持它。其次，支持被忽视的自我目标是在切断（通过解离、排斥、控制、理论化、否定、臆想等）和放纵（通过自满、认同、发泄、退缩、情绪化等）之间找寻中庸之道。最后，要在动物性和人性之间寻求平衡，就像艺术家与艺术的关系，或是好父母与孩子的关系。

第三，对关系场的觉知需要被重新唤醒。这意味着我们需要找到并消除外部干扰的存在，并恢复对自我关系的认识。正如后面的章节中讲到的，与外部因素直接对抗通常会适得其反。如果以暴制暴，那一定会陷入暴力的无尽循环，遭受无尽痛苦。有效的办法是首先把注意力放在自己的中心。当认知自我触及并开始支持躯体自我时，外部干扰就会被克服并产生新的反应。同时，与自我超越（自然界中行走，感受爱）的联结可以帮助人与一种比外部干扰更强大的存在建立联结。有许多恰当的例子可以佐证与中心产生联结的效果。纳尔逊 · 曼德拉或内森 · 沙兰斯基（Nathan Sharansky,1988）等就属于这种例子。通过研究这些例子，我们发现自爱是一种严格的实践，是克服压抑和疏远最可靠的解药。

为了与自我关系的这三个方面能同时工作，需要有一个综合的、集中的注意力，即稳定回应多个关系层次。发展支持能力同样很重要。这就是我们接下来所讨论的。

## 小结

心理经验中最重要的特点是身份认同。对身份认同的疑问和答案构成了大部分经验和行为的基础。自我关系身心治疗法认为，身份认同的三个原则是存在性、归属感及关系性。这三点与躯体自我及其感觉中心的经验、关系自我和场的经验、认知自我和支持与关系差异整合的经验相对应。也就是说，人是活着的，是通过与更大的存在之间的联结而了解她是活着的，并通过面对并最终整合关系差异来了解她人生的本质。

在这条道路上，发展可能会被三种类型的“中断”所阻碍。存在的中断意味着人失去了对中心的体会，从而失去了活力、善良和独特的天赋。就像是灯亮着，但好像家里没人。归属感的中断意味着人体会不到与更高能量——社会层面、灵性层面、生态层面的交流，从而受到了孤立，没有“交流的动力”。关系中断意味着人只能认同差异的其中一个方面，而拒绝承认或接受差异互补的一方面——这会导致冲突或压迫的反反复复，并带来越来越痛苦的后果。

一个关键的变量是与被唤醒的柔软中心间的关系。当我们在生命中穿梭时，生命也通过动物性在躯体自我中穿梭。积极支持者的祝福和引导允许这些能量被培养成关系自我中的人性。同样，积极的支持有助于发展自我支持的能力。

来自负面支持者的攻击或忽视将动物性冻结，并与有益的人性形态割裂。认知自我和躯体自我之间出现了一个持续性的裂痕。症状会尝试着整合受诅咒的动物性，但每次都会因为认知自我的恐惧无知或外部支持者施加的暴力而被拒绝。当症状出现时，人往往会失去与关系场的联结，与认知自我脱节，并错误地认同负面支持者的诅咒和自我诋毁行为。当作为症状基础的动物性能量一次又一次地被唤醒时，人们会攻击这些经历，从而反复出现症状。为了支持并将症状转化为有效的学习，自我关系身心治疗师希望：（1）重新激活认知自我；（2）触碰并支持“被忽视的（躯体）自我”；（3）重新唤醒与关系场的联结。

# 第二部分

# 实　践

# 第四章

## 身心复原与成长：保持正念和联结

禅师松尾芭蕉曾对学生说：“松之事习松，竹之事习竹，词实倡去私意是也。任意解此习字，习终不成。习者，入物而显其微、感其情、成其句也。物出非自然出其物之情，则物我成二，其情不志诚，实私意所为也。”

——加里 · 斯奈德（1980,P.67）

如果治疗师对病人施加控制，试图让病人去练习，对他进行各种教育，让他觉得自己与我们的世界格格不入，这种行为会导致病人混淆操纵和治疗的概念……

我想，这就是冥想训练的真正意义……应该是循序渐进地引导而非机械地操纵，操纵永远无法达到目的。

——格雷戈里 · 贝特森（1975,P.26）

开悟属于偶然，但是练习会使这种偶然性增加。

——理查德 · 贝克 · 罗西（Richard Baker Roshi）

在树林里行走，或聆听怀中爱人的呼吸和心跳，我们感觉到的是与更深层次的智慧与和谐的联结。但是当生活遭遇问题时，这种自然的关系场就会被遗忘：自我和心智被视为独立于自然（包括躯体），自然世界在“外边”，精神则是从“内在”往外看；后者支配或控制前者。但是正如贝特森（1979）所强调，心智与自然是一种必要的统一，它们只是对深层潜在完整性的不同表达。

当习惯和原则将心智与自然割裂时就会出现问题。自我关系身心治疗法认为，当人的心智世界与他对中心和关系场的体会脱节时，症状就会出现。事实上，症状在某种程度上是在尝试着修复心智与自然的分裂。如果我们能深层地倾听症状传达的信息，那么就不再需要害怕它，并试着（徒劳地）暴力地消灭它。

了解“其他”，首先有助于重新联结到维系自我和其他的统一场。在关系场中感觉到扎根（grounded）和回归中心，我们能够更好地转移注意力，以便放松、专注、开放、保持中心，并果断地行动。我们还可以更好地认识到我们是何时被割裂和孤立的，然后重新建立存在性、归属感和关系性。

接下来有一些关于注意力的日常练习。这些练习帮助我们保持注意力，使我们能够随时随地回应生活，而非应对生活。在本章中，我们将探讨四种常规方法：（a）觉察呼吸和放松肌肉；（b）分散注意力或集中注意力；（c）将注意力放到场上；（d）清除杂念。总的概念是，随着身心协调发展，意识形态和僵化性的理解会逐渐消失。随着人性和动物性的整合，作为症状核心的神经肌肉僵化得到放松，个案便能减轻痛苦，甚至被治愈。人会更敏锐，不再机械和僵化地应对，更灵活，更有适应力，不再感到脱节和孤立。

考虑到这些技巧的作用，我们鼓励治疗师在与个案工作时个性化地利用这些技巧。它们可以应用于治疗过程中的任何环节，无论回归中心、放松、扎根或接受都会有帮助。

## 觉察呼吸和放松肌肉

### 觉察呼吸

在一些常见的放松注意力的方法中，觉察呼吸也许是其中最重要的一种。也许没有什么比呼吸更能影响意识了。简单地说，没有呼吸，就没有生命。珍贵的生命随着每一次吸气而重生或“激发”，随着每一次呼气又会死亡或“终止”。压力使我们失去了对呼吸的觉察，呼吸变得局促而紊乱，因此我们无法处理经验（例如，让生命“流动”）。

我们的意识不再是由自然呼吸创造的，而是由肌肉收缩来进行刻板控制的。肌肉收缩的思维极其保守：它阻挡了流经躯体自我的生命之河，使人孤立于自我认知的僵化理解和框架之中，使得“行为和看法”的模式重复运作。这在症状方面尤其令人不安——旧有的回应方法必然会产生令人不满的结果。因此，改变行为的一个主要手段是将意识恢复到基于呼吸的觉察。

许多练习都对这方面有帮助。有一个简单的冥想技巧：计算吸气和呼气的次数。如下的办法对治疗师和个案都适用：第一步是找到一个舒适、放松的坐姿，背部挺直，双手不交叉。可以做几次深呼吸来让肌肉放松。眼睛自然地看向鼻尖或距离你前方五英尺左右的地面上一个点。任选其一，去觉察每一次呼吸起伏时的腹部肌肉。不是刻意吸气，而是跟随节奏顺其自然地吸气（创世纪里的说法是上帝将气吸到亚当鼻子里）。当气通过鼻孔进入，填满下横膈膜时，默念“吸气，一”。呼气时，默念“呼气，一”。对于下一轮呼吸，吸气为“吸气，二”，呼气为“呼气，二”，依此类推。

在练习这项技巧时，可能有些事情会使你分心。每次你觉得自己开始分心时，只要轻轻地继续集中注意力就好，要么重新开始，要么继续从中断的地方继续，让每一次呼吸驱散困在你意识中的精神意象和思想。重点是不加任何控制或分析地觉察，让感受朝向新鲜、柔软和实质的方向发展。

觉察呼吸看似简单，但却是一个相当大的挑战，它对减少无用的想法和行为非常有帮助。其基本思想是，人必须首先屏住生命的呼吸，然后才会被负面支持者控制或影响。因为这是一种温水煮青蛙的过程，所以我们几乎意识不到自己何时陷入这种负面影响。通过关注呼吸和感受质量之间的关联，人可能会发现训练觉察呼吸的好处。这项技巧的目标是让每一项体验和思想在意识中不停地流动，进而释放固着的认同。

此项练习的一个简单的治疗应用是就对立形象、思想或感觉提出问题：你感觉它在你的呼吸“内部”还是“外部”呢？通常，困难的过程存在于呼吸之外。当你把注意力集中在呼吸上，然后轻轻地将造成麻烦的形象、思想或感觉带进呼吸中，那么与“对立面”的关系就会发生巨大的转变。我们将在下一章讨论自他交换（tonglen）时进一步阐述这一观点。

**放松肌肉**

第一章介绍了生命之河流经你的中心，除非它不再流淌的理念。这个理念是，当经验流经一个人时，如果他不愿意或不能“参与”某一特定经验会引发神经肌肉僵化，这属于一种战斗或逃跑的反应，这种反应会阻止人处理经验，并且拒绝接受新的经验。长此以往，神经肌肉僵化会形成惯性，也就是说，人会在任何情况下都保持紧张和自闭的状态，而未经过处理的经验仍属于躯体自我里的“炼狱”（Shapiro,1995；van der Kolk,1994）。这就是自我关系身心治疗法中的“被忽视的自我”。因此，治疗师的一项关键技能是在治疗对话过程中发现并放松僵化的肌肉。除了觉察呼吸以外，还有其他有助于放松肌肉的方法，包括放松的专注、重心下移和舒缓躁动。

1. 放松的专注

按照第二章中提到的埃罗尔·弗林原则，自我关系身心治疗法的重点在于发展“不太紧也不太松”的放松体验。不要被动接受或浑浑噩噩，而是要有清新、实质、自由的感觉和反应。这可以通过从放松到紧张的区间来实现，而不是试图“摆脱”紧张。

有一个经典的办法叫做渐进式放松法，这种方法要求人先绷紧再放松身体的每一个部分。例如，个案可能会被要求集中注意力在脚上，绷紧所有足部肌肉，然后在呼气时放松。这个办法同样可以应用于踝部、小腿，直到头部。治疗师也可以在治疗过程中的任何阶段对自己使用这个办法，以便更容易被接受和扎根。

在不讲究固定流程的另一种方式中，也使用同样的方法。那就是要求个案去扫描自己的身体，让注意力转移到任何明显感觉到紧张的身体部分，然后再绷紧、放松。例如，一位个案抱怨说，每当她和男友说话时，她就会感觉腹部紧张。治疗师鼓励她调动这种感觉，然后释放，去体验感觉的流动，可她的腹部却越来越紧张了。我建议她倾听并专注腹部的感觉，但腹部不要太紧绷地去做。

一开始这有点困难，但当她持续“专注、放松”时，她更加回归中心，并对自己和男朋友更专注。她能够以集中的、直接的方式表达自己，在这个过程中，她感到自己更加坚强、更加友善。重点不是要放弃“内在的感觉”，而是要发展更专注、更少绷紧的技巧。这种无需绷紧肌肉的屏息凝神的技巧是催眠和冥想的主要特征，同时也是成熟的意识的特点。它反映了在不脱离自然的情况下运用心智过程的能力，从而使描述和经验的两个世界能够共同协调运作。

放松的目标也可能是一个外部焦点。例如，治疗师在与个案交谈时可能会谨慎地使用这项技巧。他可能会把注意力集中在个案身上，然后在保持注意力的同时放松对周边环境的注意力，这一过程可以反复进行，直到形成一种放松的专注感[1]。这种状态的特征通常是观察者和被观察者的关系场的扩展意识，同时又减少了唠唠叨叨的枯燥分析。

当感觉和意象在意识中“流动”时，会产生一种扎根的体会。当个案的表达难以理解或干脆毫无章法时，这就对治疗师特别有帮助。它类似于舞蹈演员和舞伴的互动；或者篮球运动员或武术家与对手的互动：当一个人增强与中心的联结，就能发展出柔和且集中的注意力，减少受“假动作”的影响。在治疗中，它允许治疗师与个案保持一致，而不管个案的故事线索指向何处。个案可能会进入精神幻想，但治疗师仍然要对被忽视的自我保持关注。这有助于轻柔地将个案的注意力带回到现实。

在自我关系身心治疗法中，这种进入精神幻想的过程“一触即发”（touch and go）。这意味着，当治疗性谈话触及个案的柔软中心时，个案往往会自动

1　精神病医师亚瑟·德克曼（Arthur Deikman,1963,1966）强调了包括外部焦点在内的专注放松的经验和作用。在谈到他的“去自动化经验”的概念时，提到人应摆脱“自动感知，自动情感和认知控制的外壳，以便更深入地感知现实”（1969,P.222），德克曼提到，这种状态是由强烈的外部焦点以及放弃常规的分析思维和感知模式发展而来的。
同样，心理学家米哈里·契克森米哈(Mihaly Csikszentmihalyi,1990）也对“心流”的概念进行了广泛的研究和讨论。在关于心流的体验中，强烈的专注和放松都是至关重要的，当人发展出简德林（Gendlin,1978）所说的这种“体会”时，思维就会变得更清晰和敏锐。

地将自己和治疗师的注意力从被忽视的自我的脆弱处转移开。例如，个案可能会突然转移话题，如果治疗师的注意力无法稳定在放松的专注状态下，那么就会造成分心，在治疗过程中丢失对关键事件的追踪，也就是说，又回归到被忽视的自我意识中。

2. 重心下移

另一种缓解肌肉紧张的方法是鼓励人们注意每个肌肉群的“下侧”——脚底、腿和胳膊的背面、耳朵的底部等（Tohei,1976）。这种方法的目的是体验地心引力，轻轻地让你平静下来，并发展出扎根和回归中心的感觉。

技巧是注意身体弯曲部位的感觉，例如，手腕的柔和曲线，从拇指内侧到食指对应一侧的曲线；颈部的曲线向下延伸到肩膀的曲线或肘部内侧的曲线。这种简单的专注以一种柔和的方式感知身体，减少内心的不安，增强对当下的反应。

3. 舒缓躁动

在神经肌肉僵化的常见状态下，我们的大部分经验、思维和行为都来自潜在的躁动状态（恐惧、愤怒或欲望）。一个简单的练习可以帮助舒缓躁动，通过一系列温和的自我暗示“温柔的心智、温柔的身体、温柔的眼睛、温柔的内心、温柔的灵魂”来实现。（对于紧张区域则有其他方式，如下巴、前额和肩膀）。这个想法只是简单地把正念带到每个部位，这样紧张的肌肉就可以得到放松。

例如，在放松精神时，我们可以采用佛教中的理念，即万物皆空。思维流动的关系场被认为是“虚无”或“开放”的，放松精神的建议或暗示，一般都会邀请你接纳反应。这可能有助于感觉到反应最密集的部分、心智中最繁忙的“市中心”区——对大多数人来说，是在脑袋里。从此处开始，通过训练，可以发展出对意识的直接体会的正念，而不必试图去解决问题。这对治疗师和个案都有帮助。我们的目的不是草率地稳定精神状态，而是在不导致躁动的情况下让思维变得更清晰。

如果心智躁动，身体就很难放松，反之亦然。所以我们要让躯体不同的区域循环。武术的核心就是舒缓躁动，真正地做到有韧性、有力量和勇气。这与流行的“越强硬越好”的观点不同，在这种观点里，我们更喜欢“硬汉”而不是“娘娘腔”，因某人过于软弱而怒目而视，或者要求“全力以赴”地工作。鉴于这种偏见，难怪我们会把“放松精神”看作头脑模糊或呆滞。相反，它意味着更好的专注、更好的反应能力和更好的感知敏锐度。在任何一种表演艺术中，镇定且警觉都是至关重要的。这种状态需要韧性，韧性是精确和灵活的基础。这也是本章所要重点发展的。

## 活在当下的专注力

有这样五位成功的犹太思想家：

第一位是摩西，他说一切都是律法；

第二位是耶稣，他说一切都是苦难；

第三位是马克思，他说一切都是资本；

第四位是弗洛伊德，他说一切都是性；

第五位是爱因斯坦，他说一切都是相对的。

——匿名

当人感到束缚或孤立时，注意力通常集中在头部或从身体映射出去，所以我们需要恢复注意力的平衡。而恢复平衡的一个简单方法是回归中心，把注意力放在较低的身体位置、不同的意识中心和支撑着身体的地面。这一原则是所有武术（以及其他表演艺术）的核心。它也体现在常见的催眠暗示中，即“下沉”和“深入”到催眠状态，就像惯用的鼓励一样：“平静下来”。

**回归心的中心**

用心思考和用头脑思考同样重要。正如布莱士·帕斯卡（Blaise Pascal）所说，心有其理，理性对其一无所知。（有趣的是，心脏病是美国的头号疾病。）我们可以说，当语言（和心智）与心跳律动时，便具备了有效性、唤醒性和创造性。当然，在催眠或诗歌中，我们希望协调这两种存在的秩序。其基本概念是，当心智过程与自身的生命节奏同步时，就会实现心性合一，激活创造力的潜能。同样重要的是，带觉察的心跳带给人平静和扎根的感觉。精神上的不安得以减少，最后会培养出“心一体会”的中心。

这里介绍一个简单的四步定心法：第一步是放松和敞开心扉。可以采用舒服的坐姿，做几次深呼吸，让注意力转移到呼吸上，注意不要刻意去控制。

第二步，感受心脏的跳动。这可能需要一点时间，用一根或两根手指轻轻触摸心脏部位有助于集中注意力。这一步的目标是要与心跳的体会有所共鸣，注意发生的任何变化（例如，平静下来，心绪安定）。

第三步，在第一次心跳中感受次级的心跳。这可能需要一些耐心和倾听经验。我们可能会用各种各样的名字来形容次级存在——精神，内在的自我，无意识或根本没有名字。重点是当你感觉到次级心跳时，要觉察中心并对意识保持开放。

最后一步，重复使用一个单词、短语或句子。这可以是一种祈祷、咒语、肯定、催眠或任何对人有意义的话语。例如，表4.1列出了越南佛教大师一行禅师说的九个祈祷文。在这九句中，从中选出最有帮助或最相关的一个，然后用这个祈祷文来打开心扉，把心作为体验中心和思考的地方。

当然，也可以使用其他的词、短语或句子。比如“开放”“温柔”“安全”“接纳”“专注”“一切都会好起来的”“一切都会过去的”“顺其自然”，等等。

**表 4.1　九个祈祷文[1]**

愿我平静快乐、身心轻安。
愿我免于伤害，愿我平安喜乐。
愿我远离干扰、恐惧、焦虑和忧愁。
愿我学会用理解和爱待己。
愿我能认清并触摸到生命中喜悦和幸福的种子。
愿我学会分辨并看到自己愤怒、渴望和妄想的根源。
愿我每天懂得如何滋养内在喜悦的种子。
愿我能活得新鲜、踏实、自由。
愿我摆脱依恋和厌恶，但不要冷漠。

放松和打开、倾听心跳、感受次级心跳、加入祈祷词这四个步骤中的每一步都取决于前一个步骤，它们之间是顺序关系。例如，如果身体没有放松，那么就很难感受心跳。因此，如果感觉有哪一步特别困难，那么只需要简单地回到上一步就好。

与心脏中心失去联结就会面临各种困难。自我观察揭示出，当问题出现时，心的中心也是关闭的。当人的接收和直觉设备消退时，控制欲就占据主导地位。心的感觉是天性自我中另一种形式的动物性。如果认知自我抗拒它，那么它会感受到没有人性价值的敌意（恐惧或痛苦），所以应该加以避免；把

1　摘自再版的《正念警钟：共存之道》（*The Mindfulness Bell*）。一行禅师补充道：“在做到‘愿我……’之后，还可以练习‘愿他（或她）……’，首先想象你最爱的人，其次是你喜欢的人，再次是跟你关系平常的人，最后是最让你痛苦的人。你可以练习，‘愿他们……’。”

注意力带回心脏中心之后，人可以通过正念表现出人性价值和乐于助人的本质。

有这么一种方法，我们可以问自己：“我怎么才能保持平常心？”（治疗师可以在治疗过程中问自己，或者问个案。）这个问题不是要用理性来回答，而是要用体会来回答的。例如，有人可能会注意到，当他想到工作时，愤怒和紧张的感觉在他的心里油然而生。通过四步定心法，人便可以在缓和情绪、敞开心扉的同时探索思考工作；事实上，他可能会把这种感觉代入到内心里。内心的痛苦可能让人感受到恐惧，人们普遍认为，我们无法接受心被“击碎”。因此，我们总是拒绝这些感觉，关闭心门。如果我们能够理解到这些感觉意味着心向更深层次的柔软敞开，支持会回来，积极的经验也会发生。我们会培养出一颗“理性的心”，一颗有洞察力的、温柔的、清醒的心，这颗心可以让我们活在当下的现实里。

用心倾听并不意味着放弃大脑的理性分析过程，它意味着把思维和感觉结合起来，这意味着将心智过程带入自然状态中，就像一个歌手随着音乐节奏歌唱，而不是抢在节拍前。第六章深入探讨了如何利用这一点来解决出现问题的经验。目前，重点仅仅是注意到躯体自我中存在着多个意识中心，治疗师和个案都可以通过把注意力调整到这些中心来得到帮助。

**气沉丹田**

集中于心脏部位可能并不总是最合适的。例如，在处理愤怒或恐惧时，将注意力放在肚脐下几英寸的丹田也许更有帮助。东方传统认为心智汇聚于丹田：正如铃木大拙（D.T.Suzuki,1960）指出的，禅宗心印法门（the koan method in Zen Buddhism）的目的是将注意力从头脑转移到丹田，同样，武术也特别强调感知和反应都是起源于丹田，应该以丹田为中心。

最近来自西方的一项研究为这一观点提供了有趣的科学证据。科学家们在肠道中发现了一个复杂而隐蔽的腹脑，它能够学习、行动、记忆，并且独立于大脑的“思考”（Blakeslee,1996），这是神经胃肠病学的新领域。人们认为，肠道神经系统是一个早期的大脑，正如其名，它是在我们还是管状生物时，依附在岩石上等待食物主动上门的阶段发育起来的脑。（我们中的许多人仍然记得60年代这个阶段）医学博士格尚（M.D.Gershon）曾报道，肠道神经系统包含一个由神经元、神经递质和蛋白质组成的复杂网络，这些神经网络通过神经中枢进行自动运作，它会产生“肠道感觉”。如果感知到它的存在，它便会告知和指导人的行为。如果未感知到，它就可能会以溃疡、肠道综合征或慢性病的形式出现。

我清楚地记得我和女儿佐伊关于“腹脑”的一次经历。当她刚满4岁的时候，我带她和她的几个朋友去海滩。女孩们爬上四到五英尺高的石崖，跳进沙子里。佐伊爬到更高的地方，她兴奋地冲大家喊着“看我的！”，然后让我帮她倒数，她在石崖上站稳了脚，就在即将要跳的时候，她眨了眨眼睛，低头摸了摸肚子，说：“哦，我的肚子害怕了！”她应该找低一些的地方跳，但她坚持在原地跳。在她接受了一些简单的建议（关于呼吸和往远处看）以便帮助她跳下去之前，这种情况反复出现了三四次。从那时起，我们经常讨论她的“腹部”都告诉了她什么。

艾瑞克森留给我们的关于自我关系的最重要的思想是，倾听并与经历性的反应“共存”会表现出人性的意义。爱是一种变革性的行为，需要极大的勇气和技巧。与其压抑、否认或认同腹部的感觉，不如找到一种方式与它产生联结，从而改变我们对它和自己的关系体验。丹田提供了一个“场地”来容纳经验，以便经验可以得到支持和转化；我们将在下一章看到如何通过自他交换来实现这一点。

**纵向关系：多中心互联**

其他的身心中心也很重要。在印度教传统中，有七个“脉轮”（chakra）中心，包括顶轮、“第三只眼”（眉心轮）：喉轮、心轮、太阳神经丛（脐轮）、生殖轮和海底轮（会阴）。无论是否认同这些脉轮，它们都提出了重新建立身心关系的方法，消除脱节的认知自我的专制和孤立。

有一个简单的练习被称为“清理脉轮”，我们想象一个放松、开放的姿势，然后从心轮开始，把注意力集中于心脏，想象其中有一个宝石；注意它的颜色、形状、样式等。接下来关注有没有掩盖宝石光芒的污垢和其他障碍物。然后，想象你在轻轻地擦拭宝石，感受它的光泽和美丽越来越显眼。在其他脉轮中心都可以如此重复操作。每一颗刚刚清洁完毕的“宝石”都可以联结到已经发光的宝石上，建立一条宝石的能量链。每一颗宝石都有自己的特点，它们都在一条能量链上。“清理脉轮”可以使我们更深入地放松、更加开放和更强地与身心建立联结。

**回归中心的临床应用**

在压力很大的情况下，个人往往会因外部因素放弃自己。通过回归中心，人们就可以回归自身，并从本能反应转到创造性反应。如果想知道自我映射到何处，我们可以问“你首先注意到的是什么（或是谁）？”注意就像电脑屏幕上的光标；它可以随心所欲地四处移动，你想让它去哪儿，它就能去哪儿。例如，有一对夫妻在吵架，妻子用手指着丈夫，嗓门越来越高，而丈夫眼里充满着恐惧或愤怒，他盯着妻子，身体紧绷而僵硬。双方的注意力都在对方身上，通过眼睛映射出来，盯着对方，并把对方当作自己行为和经验的“原因”。这就是“放弃自己”的含义。

另一种方法是首先将注意力回归自己的中心。你可以深呼吸，保持对关系场的注意力，把注意力向下集中于丹田，然后回应对中心的体会。这是一种习得性技巧，而非自动化反应。它是在与中心失去联系的情况下的替代“战斗或逃跑”反应的行为，这种方式在合气道中被称为“流”。

我们也可以在个案陷入某种情绪的时候观察到这种丢失中心的现象。他的眼睛会瞬间充满泪水，当他抬头看向天花板时，手臂可能会交叉放置于腹部。（这是“一触即发”过程的另一个例子。）通过他的眼睛，他将自己（想象地）从身体映射到墙上。（通过观察对方的眼神，我们能看到他的注意力首先放在哪儿。）当他的认知自我映射到身体之外（这是创伤幸存者的一种常用方法）时，他就会丢失中心，感受到强大的压力和不知所措，并“暴露”于经验中，“压力”就成为决定身份的影响因素或“更大的能量”。

换句话说，当他把第一注意力从他的中心移开时，就代表他已经屈服于自我疏离或其他形式的负面支持。唯一的解决办法就是回归中心。人对自身的柔软中心有“第一选择权”，只有离开他的中心，才会被外部支持者接管。正如纳坦 · 沙兰斯基（Natan Sharansky,1988）在作为苏联异见分子被监禁多年期间强调的，他的原则就是“除了我，没有人能羞辱我。”

回归中心的练习提供了一个机会使我们实现生活在中心这一非凡原则。在合气道中，部分训练包括培养“柔和的目光”，并将意识下沉到肚脐以下几英寸的丹田。用手指轻触丹田，然后慢慢放松，直到感觉到与呼吸同步。这可能需要一段时间并且需要耐心的指导，所以耐心和温柔很重要。

治疗师可以学习如何在压力下进入“腹脑”，也可以帮助个案学会这样做。其基本概念是，当“第一注意力”关注到中心时，人会更容易接受，对自己和他人也会产生更有效的回应。接受并不意味着妥协于他人。作为一种武术训练，与中心建立联系是为了更自由地感知安全，并从更深层的爱中做出非暴力的反应[1]。

这里的基本前提是，你与你的中心（或一些人可能称之为他们的灵魂，或清醒，或保护神）的关系是重中之重，它比你生活中的任何其他关系都更重要——比如你的孩子，你的伴侣，你的工作，因为没有它，就没有你。这种自爱至上的观念对许多人来说是全新的，因此，区分自恋和负责任的自爱非常重要。在自恋中，你远离现实，进入你的心理世界；而在自爱中，你更充分地经历每一刻的现实，与自我和周围的世界联结在一起。简单来说，从行为中可以看出，当你离开中心时，你无法维持与任何事物或任何人共存的状态。无论你想干什么，你都会把事情弄得一团糟。回归中心允许生命在你身上流动，从而允许对意识的觉察，甚至是超越认知自我的狭隘关注。

**扎根**

在武术中，像其他表演艺术（如舞蹈）一样，要将注意力放在地面的支撑上。意思是，在压力之下，如果你的能量没有牢固地扎根在地面上，那么就很容易失去平衡，被“推来推去”。相反，感知到与大地的联结，会让人有一种坚实柔和的扎实感和存在感。

扎根原则会有助于人们处理压力。通常，在这种情况下，注意力要么集中在自己身上，要么集中在另一个人身上。注意力可能只存在于认知过程中，而不是集中在躯体中心和相关人员共享的地面上。扎根练习可以将人与躯体

1　甘地曾经说过，如果邪恶势力强迫我们屈服时唯一的选择是暴力抵抗，那么他会建议在几乎所有情况下进行暴力抵抗，因为所有人都有受到公平公正对待的权利。但他提出了第三种可能性，就是非暴力不合作，我们之前将其翻译为“坚定的灵魂”或“爱的力量”。甘地强调了如何有效地利用这种非暴力的力量来应对和转化暴力的力量。合气道也是同样的概念，自我关系身心治疗法也是如此，所有这些都需要将熟练地回归中心作为实现这一原则的基础。

自我重新联结起来，使人有更多的响应能力和灵活性。扎根原则对治疗师尤其有帮助，他们必须倾听一些痛苦的故事，同时还保持开放和响应。

扎根原则的其中一种操作方法是放松眼神，深呼吸，让意识“降低”到地面上。发展出一种空间感，就像被一个无限弯曲的地面支撑的感觉。因此，人们不是在狭窄的场中与他人脚对脚或头对头地接触，而只在一个巨大的开放空间里感受到这种关系的发生，这并非梦幻般的改变状态，而是一种放松的警觉状态，因此治疗师和个案之间的空间得到了放松和开放。这有助于感觉你的腹部中心轻轻地向下融入大地，或者一直延伸到地心。这也有助于感知一种温和的能量通过脚部向下沉，同时另一种能量通过脚跟从大地传导上来。这些也是武术里的基本练习，旨在帮助你感觉清醒、坚实、自由地做出创造性反应。这个原则在其他行为中也存在相应价值，如心理治疗。

## 开放注意力

把注意力放在中心，其互补原则是把注意力放在关系场。这项原则基于一个简单的观察，即在一些症状行为中，当事人注意力的范围通常会缩小，僵硬地围着于应激源上，并从它周围的场退出。合气道中有一条与此相关的原则是：永远不要把注意力集中在对手的攻击上。合气道创始人植芝盛平（Stephens,1992）写道：

不要直视对手的眼睛，他可能会迷惑你。

不可定睛看他的刀，他可能会恐吓你。

不要盯着对手的身体，他可能会威慑你。

战斗的本质是让对手进入你的世界，

然后你就可以在你熟悉的世界击败他。

下面我们将探讨四种开放场的技巧。

**有节奏地暂停你的注意力**

开放的注意力与弗洛伊德的“有节奏地暂停你的注意力”非常相似，他认为这对治疗师的意识状态至关重要：

暂停……判断与给予……对所有要观察的事物要有公正的关注。（弗洛伊德，1909,P.23)

（技巧）……很简单……正如我们将看到的，它用不着任何特殊的辅助（甚至是做笔记）。它只不过是不把你的注意力放在某个特定的事情上，并且在面对所听到的一切时保持同样的“有节奏地暂停”（如上所述）。

……因为一旦你故意把注意力提升到某种强度，那么你就会对关注点进行选择；你选择的关注点会特别清晰地存在于脑海中，而你没有选择的关注点则会相应地被忽视。在做出这个选择时，你遵循的是你自己的期望或倾向，然而这是不应该的。在选择的过程中，如果你按照自己的期望去做，那就可能只找得到你期望的东西；如果你遵循自己的倾向，那你肯定会扭曲你所看到的东西。千万不要忘记，人们所听到的东西在很大程度上是后来识别其意义（弗洛伊德，1912,PP.111-112）。

这种气定神闲的感觉是通过放松注意力并通过关系场扩散出去而形成的。这类似于在《力量的传奇》（*Tales of Power*）中唐璜（Don Juan）给卡洛斯·卡斯特纳达（Carlos Castenada,1974）的建议。当时他建议卡洛斯学一学在走路时将视野扩展至180°，观察两侧的地平线，同时感受身体两侧的双手。（唐璜补充了一个建议，可以试着感觉死亡总是从你的左侧向你逼近！）我们可以称之为场感知，而不是传统意义上基于图像的感知。它是一种“杂技师意识”，允许你与不同图像（真理、人、位置等）的关系场相联结，而非固定的某物。

**三点关注法**

这里有一个简单的方法，就是通过我所说的三点关注法来做到场关注。我有时把它作为一种“抗焦虑”的技巧传授给个案，并指出，为了焦虑，你得紧绷双眼，眼珠乱转。这就是为什么在传统的催眠引导中，要求你放松并专注于一个点：这个点破坏了由眼球运动触发的定向反应，从而使催眠起作用。我也相信这是 EMDR 治疗效果良好的一个主要原因，它要求病人在处理创伤记忆的同时，有节奏地将他们的眼球动作和治疗师的手指动作结合起来。

接下来，我推荐做一个简单的实验，即让病人放松，把第一个注意力点放在他的丹田（或心脏，或手，只要舒服就行），然后让他另外选择两个外部的焦点来集中注意力，最好是有一个在我的一侧。我们稍微放松一下，慢慢地分散注意力，直到分别对焦到三个点上。在保持警惕的同时，稍微放松下注意力强度。这样就形成了注意力场的三等分，并且都具有柔和的关注点和扎根的感觉。

这项技巧的优点是治疗师可以很容易地监控个案的行为。如果个案的眼神飘忽不定的话，就可以柔和地引导个案放松并且重新聚焦眼神。这是一种培养放松中又保持警觉的直接方法。（此外治疗师可以与个案同步一起做。）尤其是治疗与焦虑相关的问题时，可以采用这种技巧，这样可以防止个案对某个经验产生控制 / 恐惧反应，从而始终活在当下。

我们同样可以鼓励个案在压力出现前或压力出现时使用这个技巧来回归中心。这个技巧也可以用来摆脱失眠。比如，当你闭着眼睛在床上辗转反侧时，可以这样使用三点关注法：仰卧，双臂放于身体两侧。眼睛要睁大，看向天花板，这个过程中尽量不要眨眼。此时开始使用三点关注法。（在黑暗的房间时，想象你在看向黑暗中的三个点）此时你会发现眼神无法聚焦，但不要着急，慢慢放松，你的眼神将自然而然地重新聚焦于这三个点上，然后你的身体会放松，进入梦乡。

**注意力的关系吸引**

这项练习的变形是所谓的“关系心智”回路。这是一个类似催眠的过程，旨在吸引他人的注意力。我曾在伴侣治疗时用过这个办法，作为治疗师掌握的一种技巧，有时也会用于个案身上。在与个案间的谈话中，我有时会悄悄地用这项技巧来加深与个案的联系。

为了培养吸引力，首先要培养出一种柔和的脉冲能量带，这种能量带在二人之间按照椭圆的轨迹流动。例如，他会首先感觉到眼睛后面有一股柔和的能量，可以感觉得到脉冲能量带的放松感。这个弯曲的能量带可以通过一侧的太阳穴进入到眼眶，然后再从另一侧太阳穴出去绕到对方的眼睛后侧。类似的循环也可以通过耳朵、指尖、脚尖。同时，对方要在能量带范围内放松下来，通过能量带来发出和接收意识。

这个过程听起来可能会有些奇怪，但这的确是一种能使你感受你和他人之间亲密“联结模式”的简便方式。它鼓励人们将心智的经验视为人与人之间的一种关系场，而非头脑中的一个不动的位置。这其中的概念是，你越是能够从自闭的孤立状态转移到你与他人的关系场，你就越不会感觉到生活是一个问题。

**回忆自我超越的经验**

我们在前面提到，几乎所有人都有共同的沟通经验，在沟通中他们体验到与超越自我的事物的联系。这些经验可以通过简单的日常行为来做到，例如与孩子玩耍、编织、游泳、阅读、祈祷、运动或艺术行为，或者在沙滩上散步。我们注意到，这种自我超越的经验揭示了一种比我们的认知自我更大的存在。另一种开放注意力的方式就是回忆并复原这种经验。正如我们在第三章中提到的，处理困难经历时，可以试着借助关系场的帮助。

## 净化感知之门

最后一步是清除有碍观瞻的“日常生活中的污渍”。

**消除催眠的副作用**

所有这些关于温和及放松的谈话都必然会导致一些人进入催眠状态，所以应该重申的是，我们的目的并不是机械地遵循这些原则。事实上，它的主要目的是帮助人们从类似催眠的状态中醒来。催眠的一些常见副作用是昏昏欲睡，扭曲现实，降低行动反应能力。由于这些因素可能会影响治疗效果和挑战状态下的有效反应，因此需要寻找一些方法来规避这些问题，即在清醒状态下进入到关系场的能力。这里有个小小的问题：你怎么知道自己将要进入催眠状态？

最常见的答案是恍惚。也就是说，人们知道自己处于恍惚状态是因为主观经验的印象（或表象）发生了明显的变化。这些变化可能发生在视觉、躯体、听觉或其他认知表象系统中。它们有时会产生类似麻醉的反应，使经验产生扭曲，并使人脱离现实。这在某些情况下可能会有所帮助并且有趣，例如，用于心灵探索或内在工作，但在其他情况下会分散注意力，产生负面影响。例如，治疗师需要与个案保持一致，或者某人希望在一段关系中保持联结。

因此，我们要根据实际情况来发展或消除恍惚状态。这里有一个消除恍惚状态的简单实验。我们找到一个舒适的姿势，花几分钟放松，把注意力集中在视觉的觉察上，问“哪种迹象代表着恍惚状态？”它可能是一个隧道式的视觉，或某种类型的图像，或是细节上的变化。当你注意到它是什么时，就想象用一个“温柔的心灵橡皮擦”温和地将它抹去。然后感受它背后的东西（不是隐藏的意义或符号，而是开放的经历）。当你感受到它背后的东西时，就要让自己进入更深的“恍惚”（非字面的恍惚）。

接下来把你的注意力转移到身体上，问自己同样的问题：“哪种迹象代表着恍惚状态？”它可能是身体的沉重，手上的刺痛，或是解离感。你要拿着“温柔的心灵橡皮擦”把这种扭曲抹去。我们要感觉它背后的东西，并进入更深的“恍惚”状态，在认知层面重复同样的步骤并反复擦拭。

这个练习可以帮助你经验一种既非自我认同的控制，也非催眠恍惚的梦幻之地。它可以帮助你发展出一种微妙的非极端性平衡意识。这方面，生命不是问题：生命就是生命。而这种技巧可以帮你更好地享受生命。

**消除认知惯性**

一方面，我们迷失在幻想和想象的诱惑中；另一方面，我们迷失在认知自我的思维模式和建构中。我们太沉迷于思考，僵化地运用事先准备好的心理结构，我们相信自己的确是在思考，而不是像尼采（Nietzsche）说的那样，思维在左右我们。

当思考不起作用时，也就是说一个人在受困、超负荷、紧张时，就可以用类似催眠的“意识实验”来进行分析。因此，当你回归中心、集中注意力、放松身心并摆脱掉催眠的副作用后，你可能会想，“我还意识到了什么？”“温柔的心灵橡皮擦”可能会软化或完全抹去每一个你注意到的想法、图像或感觉，体会到背后开放的温柔空间。同时，一个人观察思想的地方也能被体会到，并且被柔和地抹去。这允许另一种类型的心智体验作为关系场，就像艾瑞克森的“荒无人烟”或迪帕克·乔普拉（Deepak Chopra,1989）“一切皆有可能，”这是一个可以产生新经验的空间。它能让你从强迫性的行为或思考中解脱出来，让你回归到基本的正念。这是一种解药，可以帮助你摆脱无休止的表演，发展出平和的心态和探索欲，并且重新激活自爱感。

## 小结

持续或反复出现的问题通常代表着躯体自我和认知自我之间的中断，人们会丧失中心，并与更大的关系场失去联结。如何利用注意力来维持这种状态尤其重要。每种症状的核心表现都包含有普遍的焦躁或神经肌肉僵化，它们阻碍了生命力及资源[1]。因此，重要的是要发展识别和解除神经肌肉僵化的技能，让心灵和自然、思维和感觉重新融合。我们在本章中探讨的常规方法是觉察呼吸和放松肌肉，集中和开放注意力，净化感知之门——这些就是关于如何完成这一过程的建议。当我们做到了这些，正念和联结就再次成为可能，这会进一步促进我们的复原和成长。

1 在所有的心理症状中，心理焦虑或心理失调是普遍的潜在因素，这一观点让人想起汉斯·塞里（Hans Selye,1956）提出的压力因素。塞里讲述了他年轻时在医院里给病人做检查，他惊讶地发现所有人看起来都像是生病一样。也就是说，不管诊断结果如何，大家似乎都先认为自己生病了。因此他提出压力是所有疾病的潜在因素。神经肌肉僵化和焦虑的概念在自我关系身心治疗法中也有类似的用法。

# 第五章

## 自我关系身心治疗法的支持练习

心理分析的本质是通过爱疗愈。

——弗洛伊德给荣格的一封信

爱是与他人和自己之间的一种创造性关系形式，它意味着责任、关心、尊重和了解，以及对对方成长和发展的愿望。它是两个人在保持彼此完整性的前提下的亲密关系的表达。

——弗洛姆（1947,P.51）

自我关系身心治疗法的一个基本前提是生命之河流经我们每一个人，把所有已知的经验带给人们。从这个意义上说，生命是为了让我们越来越纯粹，所以不要拿生命开玩笑。我们无法回避恐惧、快乐、愤怒、悲伤、兴奋和嫉妒。最基本的问题是我们与生命之河的关系如何。我们可以害怕并且诅咒它，忽视和利用它，或者接纳并且与其共存。对于后一种，我们称之为爱。

把爱视为勇气和技巧时，自我关系强调支持是一种有效的手段，由正念带来的支持使我们可以与某事物“共存”，带来人性的价值和转变。由此得出的结论就是人类经验中任何无法改变的部分都没法被支持。因此，支持允许自然变化的过程发生：父母与孩子，某人与其个人经验，治疗师与个案，艺术家与作品原型或创作过程，朋友与陷入困境中的人，人与自然。在每一种情况下，生命的动物性都在流动，而支持则是一种技巧，通过这种技巧，动物性被培养成对人类至关重要的人性。我们将在本章中介绍支持的技巧，其中包括深度倾听、正确的命名、提供场、表达、祝福、联系、约束、保护、鼓励和挑战。

在将这些支持理念应用于心理治疗时，我们遵循三个相互关联的原则：（1）加入并支持表现自我；（2）接近互补自我；（3）发展关系自我去联结两个自我。为了了解这些原则是如何练习的，我们首先来说命名和整合互补自我的练习。在此基础上，我们对一些基本的支持治疗技巧进行筛选。最后选择了自他交换的改进版本（“给予和接受”），这是一种转化负面经验的有效方法。

## 爱是人类最重要的技能和最大的天赋

心理治疗训练团体中有一个简单的方法来说明加入、互补、联结这三个相互关联的原则。图5.1显示了目前常见的将互补自我联结成表现自我的图表。我们可以如此练习：三人为一组，一人扮演个案，另一人扮演治疗师A，第三人扮演治疗师B。（角色轮换，所以每个人都有机会扮演每个角色。）每个人首先要花几分钟来适应和放松（第四章的专注力练习可以应用在这里）。

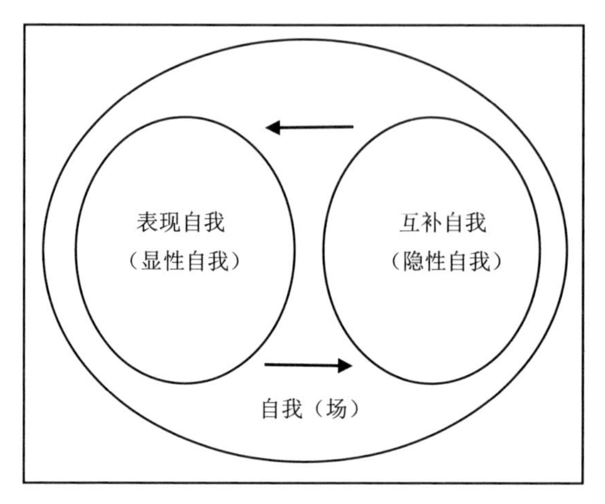


**图5.1　对立关系中的自我认同**

**第一步：加入现有的身份**

准备好后，治疗师A面朝个案，不动声色地表现出好奇，然后问："你是谁？"个案允许这个问题像催眠暗示或者诗歌一样流过躯体自我，同时关注出现的任何反应。（通常事先会要求个案限定社会身份，比如：我是一个悲伤的3岁男孩，我是父亲的儿子，我是一名治疗师，我是佐伊的父亲，我是一个丈夫，我是一个读者，等等。）无论怎样，个案只会简短回答，例如，"我是我父亲的儿子"。

治疗师A接受这一回答，让它触碰并通过躯体自我产生回响。其目的并不是单纯用头脑去理解，而是去体验所看到的个案是谁，比如，父亲的儿子。治疗师可以通过能量共鸣及其他非言语元素（如姿势、音调、强度等）来感知这个身份。这一点至关重要：无论是个案还是治疗师，都主要是在寻找一种身份的体会，例如，"父亲的儿子"这个身份仅仅在认知层面上是毫无意义的。如果我们把五个"父亲的儿子"排成一行，我们会有五种截然不同的情绪和心理上的“自我状态”。因此治疗师通过口头描述来感知对方与描述相联的经验状态。这是治疗师希望能适应并与之相处的就是躯体自我的经验状态。

当治疗师 A 接受这个身份时，她要包容它，也就是说，让它在躯体自我的中心占有一席之地。这是自我关系身心治疗法最关键的技能之一。这类似于一个人如何与音乐、诗歌或任何其他艺术形式产生共鸣，或者宠爱孩子，尤其是当孩子处于压力中时。当治疗师感受到个案所说的身份时，她也会感知到如何与之相处，如何与之产生共鸣，如何适应它。这至少需要片刻的沉默，允许躯体自我的智慧接受并包容身份。治疗师可以将这个身份带入自己的心脏中心或腹部中心。以上都完成以后，治疗师 A 会简单地说：“是的，我看见你就是（你父亲的儿子）。”[1]

**第二步：获取互补身份**

与此同时，回过头再看，治疗师 B 一直在默默地参与，接受并包容个案所说的身份。当治疗师 A 接受这个身份时，治疗师 B 则去感知相反或互补的身份。例如，“父亲的儿子”的互补身份可能是“母亲的儿子”或“女儿的父亲”或“你自己”，诸如此类。治疗师不能从心智或语言的基础上来感知，而是从直觉出发感知个案的互补身份。当第一个身份被接纳并包容到躯体中心后，还要感知到一种相反的互补身份以及语言的描述。因此，当治疗师 B 感觉到互补的身份时，她会说“我也看见你就是（你女儿的父亲）。”

关键不在于科学地命名，而是感性地唤醒和补充。补充可能很合适，或者只是部分合适，或者根本不合适。只要治疗师对个案的反应保持敏感，任

1 这个“看见”不只是对一个实体对象的视觉感知，例如“我看到地板上的球”。这是包含祝福的支持的存在性看见。也就是说，这个人的存在被感知、触动和尊重。

何反应都会有用处。

**第三步：同时经验两种身份**

在治疗师 B 说完之后，停顿了一下，然后两位治疗师同时说："你可以同时享受这两者真是太好了！"[1]同样，立体声传递了诗意和催眠的感觉，也是有趣的，还能鼓励个案同时感受到两个身份的存在。

我们重申一下，在神经系统中同时激活不同的事实、自我状态或身份是发展变革意识状态的一个简洁方式。当个案的自我创造出一个干预模式（如全息图）时，他一时"失去理智"，留下一种融合、开放和愉悦的感觉。（当然，这假设了一个支持的情境；在非支持或暴力的情境中，由此产生的状态是痛苦和分裂的，因为缺乏统一的场存在。）身份从基于立场的认知（我是这个，或我是那个）转移到基于场的认知（我是包容各种描述的关系场）。这给生成可持续性的关系自我提供了可能。

让个案反应一会儿之后，治疗师 B 带着好奇引领发问："那你还是谁？"这就促成了另一轮的三个步骤：引出和认同另一个身份，用直觉来感知并获取互补身份，立体声激活联结两个身份的场。这项练习通常进行四到五轮，每一轮都要加深程度。然后三个人轮流扮演治疗师和个案并重复练习。

这个练习也可以只用一位治疗师来完成。（事实上，在治疗中通常也只有一位治疗师。）关键是，治疗师希望与个案产生联结，并认可他所表现出的任何身份 / 社会角色 / 自我状态（例如，我是个麻烦，我是一个创伤幸存者）。接下来，他会在个人经历中觉察并说出一个互补的身份（例如，我足智多谋，

1　有些人对"享受"这个词提出了质疑。一方面，这个练习是用爱尔兰语谚语或类似的词来完成的，因此，享受是一个关键的主题。另一方面，"享受"是为了强调用积极的关系感觉应对消极的经验的可能性。因此，当我回忆起一件往事时，我不必被那件事的感觉所束缚。在这种回忆中，重要的是自爱或自我关系。当然，也可以用"体验"代替"享受"。

我能力充沛），然后努力将两者组成一个完整的关系自我。在临床实践中，这个练习所花费的时间会有很大的不同。治疗师可能需要花很长的时间来处理呈现的身份（问题），然后才能承认和保持关系自我。而且，在整合之前，个案可能会忽略资源状态。这一过程与伴侣治疗类似，在伴侣治疗中，每个人的真理必须得到验证，并相互对立，以允许关系自我中更深层的真理出现。因此，在临床实践中采用练习中呈现的原则需要技巧。

当个案陷入被忽视的自我中时，这个练习尤其有用。例如，一位40多岁的职业女性描述了她与男性的一系列关系，在这些关系中，她最初很投入，但是随后就变得挑剔和疏远。她的父亲酗酒成性，在她少年时就抛弃了家庭。治疗的第一部分集中在认可她有选择、拒绝、感受和尊重自己的界限和表达兴趣的权利。这似乎开启了更亲密的可能性，继而唤醒令人麻痹的恐惧。

我和她一起做了这个练习，每次她说到恐惧时，比如“我害怕我会再次被抛弃”——我会接纳、包容并且回馈给她：“我知道你是一个害怕被抛弃的人。”然后我又补充说：“我也知道你是一个已经学会享受独立的人。”给她点时间消化这句话，接下来我会同时认可这两个事实：“你能同时享受这两件事儿简直太棒了。”这通常会让她产生一种强烈的感觉，感知某种东西在她的躯体自我深处流动。然后我会问：“你还害怕什么？”此时一个新的身份互补整合的循环就会开始。在五到六个循环之后，她进入了一种深深的平静和温柔放开的感觉，在这种感觉中，她既脆弱又坚强。我们温和地讨论了这种感觉与她少年时期感觉的不同之处，以及如何利用新的环境为她的恐惧和资源腾出空间。

图5.1说明，个案表现出的每一个显性的立场都必然与一个隐性的立场相关联。治疗是一种谈话，它把圆内外的意识关联到一起，使每一个事实或立

场都有自己的位置，没有一个是孤立的。当不同的自我产生关联时，个案就会再次感受到生命的意义。

图5.1还告诉我们，我们可以从三个部分中的任何一个开始：加入并认同显性立场（例如，问题自我），或直接承认隐性的立场（例如，或有能力的或基于资源的自我），或先创建一个不涉及立场的关系场。

当治疗陷入困境时，可能有三种原因：第一，目前的身份状态没有得到充分的认可，这通常意味着被忽视的自我占主导地位，也许这个自我根本没有被注意到，或者它没有被正确地命名、觉察或重视。由被忽视的自我导致的恐惧和焦虑（“如果我让自己感觉到这一点，那么可怕的事情就会发生”）就变成了常态而不是例外。“一触即发”是个典型的触及经验中的柔软中心然后逃离到别处的情况。因此，我们需要付出相当的耐心和技巧来找到被忽视的自我并建立联系。最重要的第一步是治疗师“什么也不做”：放手、放松、集中、开放、软化、清除，让个案被忽视的自我进入自己的意识。

第二，个案可能没法与被忽视的自我产生联结。在这种情况下，治疗师可以将注意力转向基于能力的认知自我。例如，解决导向的疗法通过询问“例外情况”或问题尚未产生时的情况来实现这一点（de Shazer,1985）；叙事疗法则是询问个案什么时候能成功“抵制”导致问题的干扰想法（White & Epston,1990）来判断。我们可以提出一些关于自我关系的问题，比如“你最喜欢做什么？”和“你在什么时候觉得你就是自己？”。

第三，个案有可能感知不到关系场，这就很难容纳差异或者允许其变化。因此，治疗师可以引入冥想或催眠来打开关系场。

## 13个治疗性支持的技巧

爱源自我们内心的深处，我们可以通过帮助别人来体会到爱。一句话、一个行为、一个想法就可以减轻别人的痛苦，给他带来快乐。一句话可以给人安慰和信心，消除疑虑，帮助他人避免错误，调和矛盾，或者让对方释怀。一个行为可以拯救一个生命，或者帮他取得一个转瞬即逝的机会。一个想法也可以做到同样的事情，因为思想总是在引导我们的言行。如果爱存在于我们的心里，那么每一个想法、每一句话和每一个行为都会带来奇迹。因为理解是爱的基础，从爱中涌现出来的话语和行动总是大有裨益的。

——一行禅师，1991,P.78

提高“互补自我”及类似练习方法的成功率需要恰当的时机、节奏和非言语共鸣。由于没有催眠或意会来激活躯体自我，练习会十分枯燥无聊。但是当认知自我的话语来源于躯体自我并与之产生联结时，就会产生很好的练习效果。其潜在思想是，当个案所说的或所做的对于某些情况下的感觉或意愿没有产生任何影响时，他们就会产生强烈的挫败感。在自我关系身心治疗法的概念里，这在一定程度上反映了个案的言语和思维与非言语意识中心的脱节。因此，我们就要将个案的话语与经验重新联系起来。正如瓦雷拉、汤普森和罗斯赫（Varela,Thompson,Rosch,1993）所说，描述领域和经验领域之间的联系是所有后现代人文科学的关键。

这项练习提出了许多促进重新联结的一些支持技巧，表5.1列出了特别适用于自我关系身心治疗法中的13种。

**表5.1 治疗性支持的技巧**

1. 与自我联结
2. 与他人联结
3. 探索欲
4. 包容心
5. 触及并包容经验的事实
6. 适当的命名
7. 顺其自然
8. 注意例外、差异和其他互补的事实
9. 认识和挑战自我否定的影响
10. 感知包容不同身份之间的关系场
11. 同时包容多个事实
12. 同时与多个事实对话
13. 知道何时及如何重启自己

### 1. 与自我联结

我们在上一章了解到，这个技巧包括回归中心、扎根、开启内在和超越自我。如果没有这样的关联，那么一个模型倾向于被应用得意识形态化且具有压迫性。因此，支持者最重要的承诺是对自己的。如果没有与自我关联，那么一个人只能做出被动反应而不是主动回应，只能进入战斗（控制）或逃跑（屈服）模式，而不是真正的关系性参与。通过培养自爱，人们会发现对内在和外在生活有更深的信任和接受。内在的动物性能量通过治疗师的意识流动，提供一种完全不同于认知自我的指导。因此，自我关系身心治疗师致力于在整个疗程中与自己保持持续的联系。如果失去联系，那就赶紧找回它（例如，通过第四章的练习）。

### 2. 与他人联结

与个案的非言语沟通同样重要，可以使用深度倾听、沉默和接纳等方式。与大多数现代社会观念一样，治疗主动依赖于一种主动模式，因此，个案和治疗师的首要问题是“我们要做什么？”为了有效地去做，我们需要学会不为和不知（Erickson & Rossi,1979）。在目前的情况下，这意味着打开一种接受模式，以便经验可以“找到你”。为了发展这种能力，我们遵循埃罗尔·弗林“不太紧，不太松”的原则。

去体验个案躯体的体会非常重要。例如，治疗师放松呼吸，感受个案的呼吸节奏，将自己的呼吸节奏与个案的呼吸节奏匹配。治疗师可以把目光变得柔和，把个案的情绪看作一种有质感和色彩的行为。（这是一些音乐家感受音乐的方式，也是一些治疗师感受个案情绪的方式。）把注意力扩大到感知个案正在做或经验的任何事情的关系场。所有这些关系联结都需要一个关系自我将躯体自我和认知自我联系起来并同时感知两者产生的场。当觉察联结到中心、自我与他人的关系以及关系场时，就会产生成熟而有意义的爱。

### 3. 探索欲

一旦与个案建立了关系，治疗师可以询问各种与身份相关的问题，比如：你是谁？你在计划一件大事——什么事？你内心正在觉醒——觉醒到了什么？这些问题通常在治疗师与个案产生联系时已经默默地在心里准备好了。这样做的目的是集中精力抓住问题（不要太紧，也不要太松），静待答案。

治疗师在心里准备好，然后向个案提出具体的问题：怎么了？发生了什么？问题是什么？你认为你需要摆脱什么？你觉得问题出在身体的哪部分？当提出这些问题时，治疗师要同时记录下个案的回答和自己的回答。在常规心理治疗中，个案只需要回答治疗师提出的问题。而在自我关系身心治疗法中，治疗师和个案的回答都同等重要。因此，如果治疗师问“你需要什么？”时，治疗师会同时关注个案和她自己对这个问题的答案。这两个答案合在一起就是治疗性对话的主要方向，尤其是当两种回答之间存在差异时。例如，个案可能会说自己需要更加努力，而治疗师的答案则是疲惫并且急需休息。在自我关系身心治疗法中，这两种答案都有意义，它们的共存会使治疗发生有趣的变化。事实上，正是个案的反应与其他观点（即治疗师的反应）的重新联结，才会使创造性变成可能。

**4. 包容心**

会问问题就会分析答案。重要的是要温柔和准确地聆听。在治疗中，个案通常一开始只会沉默，然后在沉默中想象情感、形象、文字等内容。如果此时治疗师没有耐心和信心来对应沉默，那么就会导致治疗失败。如果个案问治疗师为什么不说话，治疗师可以简单诚实地回答说她对某个问题很好奇，并期待个案的回答。这样的对话也许能引导个案讨论如何从自我倾听中获益。

到这一步，我们要准备好了解个案的经历，尤其是通过她的躯体自我里的动物性。罗纳德·大卫·莱恩 (Ronald David Laing,1987）曾经就治疗师的“心理恐惧症”提出过警告，即治疗师担心会受到个案情绪的影响。我们会担心如果敞开心扉感受个案的经验，同样也会被他们内心的焦虑和负面情绪所感染。然而，要想最终治愈个案的心理问题，基本原则就是要尽可能地接受和转换痛苦的经验。重申默顿（1964）的观点，暴力和压迫是在我们相信负面经验无法改变的情况下发展起来的，我们在恐惧中逃离，然后又带着愤怒、憎恨和暴力回来。所以为了更好地治疗，我们必须想方设法对个案经验的每一个方面都开放，并与之同在。

为了做到这一点，治疗师必须要避免过于感性和过度认同，或是过于理性和过于抵制。我们要采用中庸的方法，也就是允许个案的经验“流过”治疗师和个案的神经系统。这是自我关系身心治疗法“生命流动”的前提，利用正念和支持将动物性转化为人性的原则。

从另一方面来说，治疗师向个案敞开心扉、感受个案痛苦的意愿也很重要。关于痛苦的一个主要误解是，个案经历的痛苦仅仅自己知道。也就是说，个案认为她的悲伤是来自发生或没有发生过的事情，或者她的恐惧是来自缺乏勇气，然而这些却是生活中不可避免的一部分。只要人还活着，就会有恐惧。只要人还活着，就会有愤怒。只要人还活着，就会有悲伤。这就是生活的一部分，你无法逃避。但是如果我们认为只有自己才会出现这种问题，而别人不会的话，我们就会陷入自我孤立并不再信任外部世界。

当治疗师对病人的痛苦敞开心扉时，要清醒地认识到这些痛苦是人类的共同情绪。慈悲就是与人“共享痛苦”的行为和意愿。它将个体的经验从疏离和羞于启齿转变为关联和人性化。治疗师和个案都要在建立共享经验的关系方面寻找更自由和更开放的方式。这种行为并不影响经验的隐私性，经验对每个人来说都是独一无二的。

**5. 触及并包容经验的事实**

当治疗师注意到个案表现出的动物性时，会发现个案没办法或不愿意正视某些涉及恐惧、愤怒、欲望或者类似的经验。这些没有被正视的经验构成了个案被忽视的自我。由于不被正视的经验看起来没有人性的意义，会反复发生，直到被正视，所以治疗的主要目的是给予支持，而支持的其中一个方面是为人性提供一个生存和发展的地方。对于情感来说，这意味着在躯体自我的身心中占有一席之地。治疗师可以通过开放躯体自我的中心来帮助个案接触和包容被忽视的自我。

例如，有一位个案讲述了她与丈夫之间产生的问题。她说当她十分生气时，要么就爆发，要么就不吱声。问题不在于她的愤怒情绪——再强调一遍，愤怒是流经我们每个人的生命之河中不可或缺的一部分。问题是个案放任愤怒自由发展而并没有去包容和引导它。因此，解决办法就是帮助她感受和包容愤怒。

治疗师可以先问个案，她体会情绪的中枢在身体的哪个部分。（再强调一遍，治疗师可以自己默默地回答这个问题，并对照个案给出的答案进行检查。）假设个案指向她的腹部，治疗师也会默默地把注意力集中在自己的腹部，然后体验愤怒，同时要求个案也如此。治疗师可以鼓励个案（和治疗师自己）跟随着呼吸节奏来感受愤怒，并默默地与之交流，就像与孩子或朋友交流一样。此时可以用两根手指触碰身体的那个部位以保持注意力。

重申一下，当个案遇到问题时，她的注意力会非常不稳定，被忽视的自我“无处安身”，然后负面情绪会从自身往外产生影响（例如，影响到另一个人身上），或被强行压抑。如果可以培养一个专门用来感知的中心，就可以对情绪进行倾听和安抚，并且将其转化为资源。为了做到这一点，治疗师要允许个案被忽视的自我触碰自己。感受它在你的身心中产生影响的部位，然后打开心扉，温和而坚定地为它提供一个栖身之所。当个案从中脱离时，你要在内在持有它。这会帮你把个案的注意力带回她的中心，并逐渐支持和整合个案失控的经验。

将躯体中心视为容纳情绪之处时，我们必须将感知中心与该中心的情绪经验区分开来，这样我们就可以带着令人不适的悲伤感进入躯体中心的安全和舒适感中。同样的道理，平和而充满爱心的父母也会把害怕的孩子抱进怀里。弗吉尼亚·萨蒂尔（Virginia Satir）曾经问过两个问题，“你感觉怎么样？”和“你觉得那感觉怎么样？”。第一个问题指的是情绪，第二种问题指的是它所处的躯体中心，它决定了第一种感觉的意义和对它的反应，因此它在治疗方面更为重要。

当情绪经验有了容纳之处时，它往往会发生变化。这是默顿（1948）所说的有效痛苦的一个特征。因此，焦虑的个案最初可能会把情绪描述为心中的一个结。当她开始支持它时，它可能会变成一个惊恐的8岁女孩的经历，再进一步的话，可能就会变成一个好奇而快乐的8岁女孩，然后出现了一大片花海，再然后是一个睿智的老妇人，等等。这里的关键是躯体自我并没有一个固定的身份，通过它可以流动所有的原型经验。

**6. 适当的命名**

正如圣经所说，一切的起点都是言语。在一种经验被适当地命名前，它并不存在于人类中。（如存在主义者所说，一个人除非被祝福和“看见”，否则她就是不存在的。）适当的命名并不是科学的分类或独立的标签，它是看到一种经验，用人性触碰它，包容它，并给予它祝福。如果没有爱和尊重的伦理基础，被命名的经验也就没有了人性价值。

我们可以看到适当的命名对孩子的重要性。他们最初不知道如何表达诸如饥饿、疲劳、愤怒和孤独等基本状态。当这些状态及其伴随的需求发生时，他们的反应是纯粹的动物性：哭泣、暴躁、哭闹等（这正是成年个案在发病状态下无支持的能量。如艾瑞克森所说，神经症就是没有直接表达的能力。）监护人必须注意并分析孩子身上的这些线索并且自问：“要注意什么样的状态（饥饿、疲劳）？”当孩子们成熟时便学会如何适当地命名，因此他们也会对这些状态有正确的认知。但是如果忽略或拒绝某个状态，那么适当地命名就不会发生。这些状态还是会出现，但却得不到人性的支持。在这种情况下，该状态的动物性可能会占据上风，如同我们在症状中看到的那样。这种经验似乎对自己或他人都毫无意义，所以我们才会采取防御或暴力措施来对付它。

有趣的是，匿名戒酒会使用的首字母缩写HALT，分别代表饥饿（hungry）、愤怒（angry）、孤独（lonely）、疲惫（tired）。这种观点认为，如果这些状态在发生时没有得到适当的命名和识别——而且它们在我们每个人身上都规律地发生——那么个案就更容易依赖毒品和酒精。毒品、酒精和其他破坏性的因素会成为被忽视的自我的虚假支持者。对于任何非正常状态也是如此，当感觉无法得到命名和识别时，这些感觉很可能会再次出现。

每当个案退缩、分离、假装或以其他方式脱节时，我们可以在治疗中发现没有被适当命名的经验，也就是被忽视的自我。治疗师也可以通过关注自身的躯体自我来辨别被忽视的自我的迹象，在治疗对话中注意他们何时开始感到焦虑、不愉快、卡顿、心不在焉或困倦。而另一个迹象是治疗对话一直围绕着一个模式说来说去，没有任何改变。例如，个案可能会抱怨一段关系，但每次治疗师试图直接解决这个问题时，个案就会改变话题或者转移注意力。

在这种情况下，有些事情就会潜移默化地发生。在自我关系身心治疗法的范畴里，被忽视的自我活跃在躯体自我中，且不受认知自我的支持。这在治疗性对话中经常发生，也正是我们需要治疗性对话的原因。现在我们需要做的就是如何恰当地命名，然后给予人性的祝福和支持。没有名称也就意味着认知自我无法检索关键字，另外治疗师应该让被忽视的自我主动找寻并接触躯体自我。这类似于上一章中描述的“均匀地暂停注意力”的状态，治疗师回归中心，敞开心扉，发展接受能力和探索欲，借此与个案共同进入关系场。

一旦联结到关系场（治疗师和个案同时存在），治疗师可能会思考一个身份问题：“什么经验未被承认？”（这通常是默默进行的，尽管有时可能会问出声来。）当个案给予回答，那么治疗师可能会以扎根和开放的方式与个案“同在”。治疗师可能会直接与个案分享，例如，治疗师说：“当我听你讲述的时候，我感觉到了你的恐惧。”如果担心吓到个案，那么可以从认可互补的胜任自我开始（“我觉得你是一个非常忠诚、勇敢的人”），或者使用一些委婉的说法，比如讲故事（Gilligan,1987）。

当被忽视的自我得到恰当的命名时，个案通常就会平静下来。个案的躯体自我被触碰、感知和深深体验，几乎要落泪，与治疗师的关系会越来越强。这个过程可能只持续几秒钟，然后个案再次将被忽视的自我抛弃。这是“一触即发”模式，在这种模式下，个案会先触摸到柔软中心，然后再抛弃它。此时治疗师要保持注意力集中、敞开心扉和警觉。当个案抛弃被忽视的自我时，治疗师仍要与它同在。治疗师需要把被忽视的自我放进躯体自我里，并找到一个合适的办法将注意力放到它身上，被忽视的自我可能会被表达出来，或者获得互补的胜任自我以提供资源。

**7. 顺其自然**

触碰和包容身份的互补技能是放下对它的注意。由于自我关系身心治疗法主要关注差异之间的联结，因此了解每一种观点很重要，但不能只认同其中一个。这就像听一首复杂的交响乐，我们按顺序一个章节接着一个章节地听，然后就组成了整首曲子。同样，治疗师对个案的每一种身份都进行探索，最后把他们整合为一体。这就需要我们了解该如何及何时放弃已有的身份。

这一点在伴侣治疗中尤为明显。治疗师先倾听其中一人，并确认及祝福某段特别的经验，例如，害怕被抛弃。她必须缓缓地释放经验，朝向另外一人，并且感知哪些被忽视的自我需要被适当地命名和支持。然后把注意力转移到两人身上强烈的愤怒或攻击性的部分，以及相爱和滋养的部分，如果目标是打算找到将这些不同的自我联系在一起的方法——无论是在人际间还是个体内，那么放开一个自我以打开另一个自我就显得尤为重要。在这一点上要懂得张弛有度。

对于单独的个案来说也是同样的道理。这里面有一个关键问题，就是个案会钻牛角尖：一旦个案陷入一种状态，那就很难轻易摆脱。因此，对治疗师和个案来说，都需要学会顺其自然，在这方面，第四章所说的“松紧适度”技巧会提供相应的帮助。

**8. 注意例外、差异和其他互补的事实**

在传统的心理治疗中，我们通常都是围绕着个案的问题身份开展治疗。近年来，包括艾瑞克森学派的心理治疗方法、问题解决导向疗法和叙事疗法都对传统方式进行了改进（Gilligan & Price,1993）。其基本思想是，当个案被困于被忽视的自我时，那么问题就会持续存在。如果能够唤醒个案包含能力和资源在内的其他身份的话，问题就会迎刃而解。

在艾瑞克森的病例里有一个非常著名的例子，就是密尔沃基的非洲紫罗兰皇后（1980）。这是一位52岁的富有单身老夫人，她独自住在位于密尔沃基的大房子里。她特别抑郁孤独，但每天还是要胆战心惊地出门去教堂参加礼拜。她的侄子——艾瑞克森的同事担心她的抑郁症会恶化到自杀。在前往密尔沃基的旅途中，他请艾瑞克森去看望这位夫人，看看有什么办法能帮帮她。

艾瑞克森如约去了老夫人家里探望。从两人的对话及对家里的参观中，他注意到了老夫人三个不同的身份。第一，她确实很抑郁和孤独，散发着负面回应的风格。第二，她非常虔诚，总去教会参加活动（尽管她从未与任何人说过话）。第三，她在阳光房里种了一些漂亮的非洲紫罗兰。

第一个身份就是我们所说的基于问题的主导性身份，传统疗法主要是围绕这个身份来进行沟通的。但是艾瑞克森注意到了第二个身份——她不抑郁时在做什么（或者除了抑郁之外，她还是谁）。然后，他开始探索如何能通过这些互补的身份产生新的情绪。他让老夫人多养些非洲紫罗兰，然后让她关注教会里的人们正在经历的一些重要大事——生子、去世、结婚、毕业、退休等，并向他们赠送非洲紫罗兰以示纪念。

自此以后，老夫人每天忙得没有再抑郁，人们开始注意到她并且表示了感激之情，甚至特地绕道过来和她寒暄几句，她开始变得非常活跃并受到社区里人们的爱戴。20多年以后，当她过世之时，数百人前来参加她的葬礼，悼念密尔沃基的非洲紫罗兰皇后的逝世。

这个原理很简单。即当一个单一的身份从整个身份系统中脱离出来时，就会产生问题。当多重身份之间的关联性发挥作用时，就会产生解决方法。因此，我们一定要仔细探索个案除了当前表露出来的身份之外，还有哪些其他身份。

这种互补事实的观点可能得益于比尔·奥汉隆（Bill O'Hanlon）最初向我提出的一种简单的语言技巧。对于每一个事实的描述，受访者只是简短地说（肯定地），“……总是对的”，然后加上警告，“除非不是这样”。（我们用一个爱尔兰式的眼神或类似方式会有帮助。）因此，个案可能会说，“我是一个可怕的人”，治疗师可以简短地在脑海中默念，或者大声地说出来，“除非你不是这样”“这个说法是真的……除非它不是”“我妻子不理解我……除非她开始理解”“这个个案抗拒治疗……除非她不再抗拒”。在对话中，这种语言的回应是一种幽默而严肃的方式，它可以摆脱原教旨主义认为只有一个真理的约束。当它得到互补时，即可正视事实。

我的同事图利·路德曼（Tully Ruderman）对这项技巧给出了一个有意思的说明。A说，“我总是这样……除非我不这样”。然后她跟她的伴侣B说，“你总是这样”。B补充说，“除非我不这样”。B接着说，“我总是（另一种方式）……除非我不是……你总是（另一种方式）”。A说，“除非我不是”。对话结束，依此类推。例如：

A：我总是很挑剔（让这句话消化一会儿），除非我不挑剔（让这句话消化一会儿）。你总是很挑剔……

B：除非我不在的时候（停顿）。我总是对的（停顿），除非我不是……你总是对的……

A：除非我不……我总是需要……除非我不……你总是需要……

B：除非我不在……（以此类推）

这项练习可以在伴侣之间或治疗师和个案间进行。这是一个很有意思的过程，它使彼此都认识到每个人都拥有互补的身份。它可以将人从僵化的身份和理解中解放出来。

**9. 认识和挑战自我否定的影响**

人可能会受到很多不良因素影响，例如诅咒、毒品、酒精、暴力或自我挫败等。好的支持者能够熟练地对不良因素进行辨别、保护、挑战，并建立免疫力。在自我关系身心治疗法中，两个主要的“消极支持者”是“外部干扰”和“自我麻痹”，如我们所见，“你不受人喜欢”“你总是会搞砸”和“你很蠢”等负面想法如果不加以制止，它们就会像罗伯特·迪尔茨（Robert Dilts）所说的“思想病毒”（thought viruses）一样，渗透并破坏整个人。

与外部干扰密切相关的是自我麻痹，如自怜、抑郁、浮夸、抱怨和嫉妒等。当一个人在经历如悲伤、恐惧、爱、愤怒等主要感受时，可能会用消极诱导来麻痹或“毒害”这些感受。这就会产生佛家所说的“近敌”经验。“近敌”看起来像是一种经验，但实际上并非如此。感伤是爱的近敌，自怜是慈悲的近敌。自我麻痹的诱导是“叠加”在一种特殊感觉上的，这种感觉使情绪充满了毒性以至于没法被接受。一个好的支持者会因此认识并消除这种消极诱导。正如我们所见，因为消极诱导与痛苦经验深深地交织在一起，所以这是一种需要技巧和关系信任的谨慎操作。

下一章将更详细地探讨治疗师如何有效利用消极支持者。这里有一个简单的例子，一个在家庭暴力中长大的个案已经接受了多年的心理治疗，他通常会抱怨孤独和缺爱。他的这种做法听起来像是“牢骚”，看起来他比较沉浸其中。我花了几分钟来集中注意力，然后用温柔但严肃的声音说：“你在发牢骚。”他看起来很吃惊，但还是继续用同样的语气说话。我停顿了一下，重复了一遍：“你在发牢骚。”他看起来很困惑，没太明白我在说什么。

“你不关心我。”他反驳道。

“我当然关心你，”我回答，“但你在发牢骚。”

他看起来很苦恼：“好吧，我想让我的生活中有些东西不太一样，我只是想告诉你我的感受。”

“我明白。你感觉不好。你希望事情能有所变化。但是你在抱怨。”我微微一笑，他也是。

“好吧，可除了抱怨，我还能做什么？”

“这样，你可以不带抱怨地告诉我你的经历。”

这引发了一场关于如何在不抱怨的情况下去体验和交流的讨论。这种非言语方式的对话显然非常重要。如果治疗师的话很挑剔或很批判，那就不会产生任何帮助。治疗师需要明白，就算个案发牢骚也没关系，但这可能并不能帮助个案达到目的，这一点可以直截了当地指出。

通过这种方式挑战个案，这有助于个案理解自我麻痹的办法是无效的，尽管认知自我是在试图保护躯体自我的柔软中心不受更多伤害。因此，虽然治疗师能够感知到来自躯体自我的真正痛苦，但是她还必须要了解个案如何要用过时的防御策略延续这种痛苦。通过巧妙地应对这些策略，该疗法可以“打破”痛苦的泡沫。第六章深入探讨了该疗法。

**10. 感知包容不同身份之间的关系场**

当多重身份越来越明显时，感知他们所归属的以及在其中有一个位置的关系场就变得十分重要。如果不去体会的话，就很难在这些差异之间建立联结的关系自我。我们可以在身体内感知，在医患关系间感知，或者在更大的场内感知。上一章所述的开放注意力的技巧在这方面会提供帮助。

**11. 同时包容多个事实**

人的每一个状态或身份都像一个依赖于状态的复合体，有自己的生理、心理和行为价值观。这意味着通常每次只有一个身份是活跃的，这就使得身份之间的联结变得困难。通过学会同时与几个不同的立场共存，个案就会从任何单一立场的过度认同中解脱出来，这就是关系自我的本质。要做到这点，可以在不同的意识中心包容不同的身份。

这在家庭教育方面是一项特别有用的技巧，当家长面临双重挑战时，既要无条件地爱孩子，又要帮她融入社会。（创造这些矛盾要求的上帝肯定有一种奇葩的幽默感。）为了有效地教导而不是惩罚孩子，即使是需要矫正其行为，父母也得让她感受到家庭的爱。（这个原则的重点是追求进步而不是完美。）我们可以在身心中心（例如：心脏）培养“她是个好孩子”的体会，同时在另一个身心中心（例如：腹部）包容“她需要改变她的行为”的体会。通过练习，这种关联可以提高家长的教养水平。

我们也可以在自己或个案身上使用这个技巧。如果感觉到了个案的恐惧，那么可以用一个身心中心来感知恐惧，同时用另一个身心中心保持专注和接受。同时保持这两种状态有助于成长和情感习得。下一章将更详细地解释这种方法。

### 12. 同时与多个事实对话

在激活了不同的身份之后，治疗师的下一个支持任务是使不同的身份产生联结。这就像夫妇的病例：我们始终保持着对每个观点如何互补的探索，直到观点间如何整合成更大、更完整的画面。与此同时，还要与躯体节奏保持联结。

病例，唐（Don），35岁，单身男性。他的治疗目标是与女性自然地相处。他讲述自己非常悲惨的童年，父亲经常对他使用家庭暴力。他表现得相当紧张，说话声音很大，但是内心又很温柔羞涩。他讲述了自己在参加单身派对时如何下定决心接近心仪的姑娘，并且以“自信而充满男性魅力的方式”进行自我介绍。可令他沮丧的是，他通常会从强大的气场迅速变成唯唯诺诺，有时甚至在说一句话之前就开始自我批评、退缩和怯懦，然后勇气全无，只好偷偷溜走，再接着发誓要一劳永逸地克服恐惧。

唐的例子揭示了两个自我，一个十分强势，而另一个则懦弱胆小。它们之间没有任何联结，所以每一个都派不上任何用场。因此，自我关系身心治疗师的任务是寻求关系的对话。我读过唐 · 罗伯特 · 布莱（Don Robert Bly）的诗“求知的四种方式”（Four ways of knowledge），其中有以下内容：

怎么办……才能阻止她。

是战是逃——他并不知道。他渴望战斗却又想逃跑。（1986,P.164）

我们分别找出唐心中强势的一面和懦弱胆小的一面，通过一些指导和交流，唐学会了如何同时使这两者共存，这样每次经验都能互相调和，创造出第三种感觉——完整的自我。当他与其他人相处时，就能温柔地专注，并保持联结。

**13. 知道何时及如何重启自己**

知道什么时候暂停这些支持技巧非常重要。第一个问题是何时结束流程。第二个问题是无论出于什么原因，个案（或治疗师）在给定的时间内无法继续治疗，此时可能需要休息。第三个问题是正在进行的治疗没有效果。出于未知的原因，感知关闭了，联结不牢固，或者忽略了重点。那么在这种情况下，最明智的做法是停止“治疗”并重新回归“中心”。能意识到自己在做无用功很重要。我们可以放松下来并按下“重启键”，就可以重新调整治疗方法，使用更新鲜、更有效的方式支持。

本文所说的一些支持技巧只是给大家提供参考。你还会发现很多其他对你和个案来说有效的技巧。重要的是，我们可以用人性来感染个案，并帮助他们将痛苦转化为成长和自我接纳的动力。

## 自他交换：吸收消极经验，释放积极经验

生命之河流经我们每一个人，带来人类所知的每一种经验，而且不止于此。人只要活着就会不断地经历快乐、悲伤、恐惧、兴趣、愤怒、愉悦，等等。这些不是周围环境所赋予的，而是人与生俱来的天性。关键在于，我们如何处理这些涌动于自身的动物性。自我关系身心治疗法表明，通过支持，我们

可以利用这些基本的日常经验来发展个性。

支持在很多方面都可以得到应用。例如，藏语中的自他交换，意思是“施舍和接受”。邱阳·创巴仁波切（1993）和他的学生佩玛·丘卓（1994）将这种方法描述为藏式传统中处理包括愤怒、悲伤、恐惧或其他“消极”情绪的核心方法。他们强调，虽然你无法避免这样的经验，但你可以巧妙地把它们作为培养自爱和博爱的基础。这种方法在某种程度上有悖于西方消费主义思想的概念，西方消费主义思想的基本原理是只接受积极的经验，摒弃所有消极的经验。而在自他交换中，则是接受消极的经验，把积极的经验施与世界，这样即可把痛苦转化为光明。

谈到痛苦，我想到了托马斯·默顿（1948）的一句话：他选择成为一名僧侣并不是为了要比别人吃更多苦，而是为了更有意义地吃苦。有意义地吃苦能带来更深的自信、更多的自爱和博爱、更强的反应能力和灵活性。这与许多宗教所倡导的自我鞭笞的痛苦截然不同。

有很多种渠道可以学习自他交换。表5.2显示了一种用于治疗目的的改良学习法。首先，确定一个目标——可以是某个人、某段经验、某种情感或某个人想要改变的部分。这可以通过填写这句话的空白部分：如果我没经历过X，那就不会有任何问题。X代表消极经验、行为，或生命中的某个人。比如，X可能是个案的抑郁行为或依赖需求，配偶的冷漠，或自己的懒惰或恐惧。我们可以用1～10的评分量表来对此量化，其中1表示“不是非常强烈”，10表示“非常强烈”，根据自己的符合程度进行量化以确定目标。最开始时可以简单一些，等大家对自他交换产生信心时，便可以逐渐加大难度。

**表5.2 改良型自他交换的四个步骤**

1. 明确“消极”目标经验。
2. 了解自我超越经验。
3. 在呼吸中培养与关系自我的联结。
4. 循环：吸进目标经验/呼出自我超越经验。

除了明确消极目标，人们会与某人、某地和某过程之间有涉及爱和开放经验的积极记忆或关系。例如，就我而言，我很容易想到我的女儿，或者对夕阳或度假的回忆，对挚爱朋友的回忆，或是一段自我享受的时光。这是一段让你了解到世界是如此美好的体验。

我们重申一下，西方传统中的大多数习惯是吸收“积极”的经验，摆脱“消极”的经验。自他交换则将关系颠倒过来，消极的经验被吸收进中心，被慈悲所感动，被正念所转化，而积极的经验被释放出来，用以创造一个博爱的世界。

为了做到这一点，重要的是首先要发展回归中心、扎根和开放的状态。如果注意力不能稳定下来，那么自他交换就会变成一种痛苦和无效的办法。我们还应该培养对腹部中心的意识，因为腹部中心也可以控制呼吸。另外还要练习正念呼吸，以允许经验随着呼吸进出，而不会在任何地方卡住。

一旦我们回归了中心，敞开了心扉，那么就会体验到负面经验。吸气时，消极经验跟着进入中心，被温柔地接受，被慈悲和正念感动。呼气时，积极经验被传播给广阔的世界。再吸气时，消极经验再次进入中心；再呼气时，积极经验再次被传播给世界。这种稳定和谐可以循环往复，只要情况允许，就可以持续5分钟、10分钟或更长的时间。（在僧侣修行时，可以将此法作为全天功课来练习。）我们只需要关注任何积极或消极的理解、感知或经验的差异或变化即可。

常见的影响则是净化“消极”经验的过程，以及对其真实本质的深入了解。例如，个案抱怨她的童年。治疗师已经做了很多次治疗，而试图解决问题或转移话题的尝试都遭到了失败。个案不停地抱怨，而治疗师感觉自己已经筋疲力尽、愤怒和心不在焉。这表示被忽视的自我处于活跃状态并且没受到任何支持（无论是个案还是治疗师）。治疗师可以先放弃尝试帮助或改变个案——事实上，有时试图成为一名心理治疗师可能是我们从事的最不具治疗意义的行为。治疗师可以把注意力集中于中心、呼吸、扎根和敞开的心扉。

治疗师可能会感觉到个案无法领会自己的意图，当一切准备完毕，即可开始自他交换的练习，吸气以吸收被忽视的自我，呼气以施放爱和接纳。这样做时，对被忽视的自我的感觉往往会变得更加清晰。也许她会感觉到一个未被命名的小孩，充满了希望和兴奋，也充满了恐惧和愤怒。继续练习自他交换，对被忽视的自我的支持可能会培养出对个案内心里消极经验的深爱和理解。从归于中心和接纳的角度与个案交流可能益处颇多，我们将在第六到八章中详细了解。

这种方法与许多古老的传统有关。当然，这也是基督教概念中以爱制暴的理论基础，同时也是甘地的非暴力不合作主义的理论基础。消极经验的转化不仅仅是通过“积极的思考”或美好的感觉来完成的，它需要勇气和技巧。马丁·路德·金、维克多·弗兰克尔、甘地、内森·沙兰斯基、纳尔逊·曼德拉和其他许多勇敢者用一生来指出了爱具有的力量和无限可能。他们奋斗的价值在于教导我们可以学会用自己的方式做同样的事情。挑战似乎很棒，但还有别的选择吗？

转化消极经验的原则性和实践性也是合气道（aikido）的基础。在日语中，“ai”有两层含义：“冲突的和解”和“爱”。“ki”（在汉语中是“气”，在基督教中是“圣灵”）是贯穿于万物的普遍生命力。“do”（如合气道、柔道、跆拳道）是“方式”或“途径”。所以合气道的意思是“以爱制暴的方式”。在实践中，如果遭到了暴力攻击，那么首先就要将其吸引入丹田再处理。

该原则同样也是艾瑞克森理论的核心（Rossi,1980a,b,c,d）。艾瑞克森强调，治疗要把个案带来的任何东西都包含进去，无论它看起来多么疯狂、多么无用或多么消极。他的诀窍是以好奇心和承诺，加入这些行为和经验，去发现它们如何成为自我改变和自我发现的基础。简言之，艾瑞克森的理论是基于爱的勇气而来。

在实践层面上，我们每天都面临着类似的挑战。正因为恐惧和不安出现于个案的某些经验中，所以我们可以从观察自身的恐惧和不安开始。我们可以测试自己对“非暴力是一种强大的治愈力”这一观点是否有抵制和怀疑。注意当我们认为暴力和压迫属于正常情况时的反应，也可以尝试着培养自己开放的心扉，接受消极经验，以便找到合适的方法来练习支持和正念，并将他们作为基础关系法。

所有这一切的中心思想是，怀疑或对抗负面经验的最安全的地方就是人的中心。在风暴眼中，一切都是平静的。我们经常被告诫，如果敞开心扉，那么我们可能会被个案的负面经验所影响。自他交换及类似的方法属于传统的方式，通过这种传统方式，治疗师将会克服对个案经验的恐惧，并使用专业能力来帮助个案走出困境。因此，自他交换是一种重要的支持技巧，也是自我关系身心治疗法的核心。

很多方法都可以应用到实践中。治疗师可以从治疗伊始便采取这种方式，吸气，将个案面临的任何困难都吸入中心，然后让积极的经验随着呼气而流动。通过这样的方法，治疗师既不去割裂也不去认同个案的负面经验，而是想办法将它们带入到正念中，由此产生新的关系和新的可能性。

该疗法可以在治疗过程中的任何一个步骤教授给个案，这项实践可以通过不同的方式来完成。下一章介绍自我关系身心治疗法的原型方法，该方法可以将痛苦的经历从外在干扰中分离出来，并且重新与资源建立联结。

## 小结

生命之河流经我们每一个人，而且每天都会带来大量的经验。我们会被人类所知的每一种情感触动：快乐、悲伤、愤怒、兴奋、厌恶等。如果你认为生命是为了索取，那你是对的；可最根本的问题是生命想从你身上得到什么。自我关系身心治疗法认为，生命希望你得到成长和发展。因此，它带给你的每一次经验都是成长过程的一部分。最重要的技能——事实上也是人类最大的天赋——就是巧妙地热爱被赐予的所有东西。

这方面的核心就是支持的原则和实践。支持是我们用联系、接触、祝福、引导、提供空间和约束、接受传统及其他方式以实现人性价值的过程。没有支持，经验就没有命名，没有声音，没有人性价值。支持是一种爱的行为，通过这种行为，生命的礼物就会发出耀眼的光芒。支持是一种终身技能，没有人能做到完美，但所有人都能从中受益。

# 第三部分

# 治疗方法

# 第六章

## 自我关系身心治疗法的基本步骤

通过打开和恢复不同自我之间的联结，使得系统复杂化——用这种方式来让它们的结合变得简单……只要这些部分与整体能够和谐地结合在一起，它们就是健康的……只有通过修复断开的联结，我们才能被疗愈。联结即是健康。

——温德尔·贝里（1977）

只有联结！只有把散文和激情相联系，两者才能得到升华，人类的爱才能圆满。

——E.M. 福斯特（E.M.Foster）的《霍华德的结局》（*Howard's End*）

自我关系身心治疗法提供了几项对心理治疗有帮助的基本干预措施。在第四章中，我们了解到意识如何回归到对中心和关系场的体会，这样一个人就会体验到与自我、与他人、与比孤立的自我更伟大的存在的联结。第五章则研究了与经验支持的关键原则相关的一些基本实践。本章详细阐述了从相互冲突的经验中产生关系自我的七步原型。

这套理论并非适合所有个案的固有治疗方案，相反，这更是一种公式化的模型，可以对不同的个案使用不同的公式。我再次重申一遍自我关系身心治疗法的美学理念：在理性话语的异化和肆意宣泄的膨胀之间找到一种中庸的方法。我们应该帮助个案直面现实，同时通过身体反应来感受各种经验。为了让这种关系自我显现，治疗师必须在整个治疗过程中时刻保持和个案之间的感知联结。如果无法感受与个案的联结，就无法使用这个模型。这很难用文字来表达，所以重要的是在实践中进行理解。根据艾瑞克森的部分理论，这个治疗方法的重点是如何温和地促进身心良性地走向统一，把认知自我的语言与躯体自我的节奏和知识联结起来。它的应用过程应该是温和而非强硬的，同时伴随着基础性的关系和非言语的节奏。这种治疗理念涉及很多种概念，尤其是“外部干扰”和“被忽视的自我”等，只有从体会上去理解，才能帮助我们达到治疗效果。

**表6.1　自我关系身心治疗法的基本步骤**

1. 找出问题所在。
2. 找出被忽视的自我及所处位置。
3. 找到并激活认知自我。
4. 明确和区分消极支持。
5. 联结认知自我和（被忽视的）躯体自我。
6. 回想问题发生的顺序。
7. 对关系自我的进一步实践。

## 第一步：找出问题所在

在第一步里，治疗师要试着确定问题是什么、何时何地发生，以及具体

发生了什么导致了单纯的不快乐体验（例如，我感到悲伤）演化成限定身份的症状经验（例如，我有抑郁症）。治疗师的思路是这样的：在这个人的自我表现得越来越明显时，应该是发生了什么特别的事情。

在听完个案对问题的描述后，治疗师可以问："如果我挑选某一天（周/月）出现在你的世界里，那么何时何地有机会看到这个问题的发生？"

如果个案很难陈述清楚具体问题，或者总说"这种事经常发生"之类的话，那我们就要耐心、温和地继续交流下去。你可以问"最近一次让你不安是什么时候？"，询问个案具体的时间和地点，将问题经验带回到躯体自我的"现在"，从而能让我们改变它，所以这一步极为重要。

个案描述问题时，治疗师要控制住节奏，要一刻一刻、一帧一帧地按顺序记在心里。通常情况下，个案会回避或者忽略掉问题的关键部分。因此治疗师必须要放慢速度，以确定个案的外在行为（后续的行为变化）和内在经验（躯体化症状或"当时感觉到了什么？"）的顺序细节。

指导治疗师的一个基本想法是，在某些情况下，个案内心里被忽视的自我会突然活跃起来，然后脱离现实，开始自我孤立并陷入自己的世界中，由此切断与认知自我的联系。例如，某人正在承受老板的怒火，这种行为会让他产生一种被忽视的恐惧感，随后他会努力摆脱这种感觉并逃避现实。自发性的条件反射（愤怒、恐惧和逃避）会占据主导地位并加以表达出来。根据瓦兹拉威克（Watzlawick）、维克兰（Weakland）和菲什（Fisch）等人对于临床症状的定义（1974），生命是从"一件又一件破事"转变为"没完没了的破事"。这就是我们所称的"归属感中断"和"关系中断"，它会将困难、不愉快的经历转化为临床症状。

我们需要记住，遗弃躯体自我的行为，在早期的某些时候可能是不可避免的。这是人在没有任何积极支持的危险情况下为了保护自己所能做的最便利的行为。这种行为可能会变成条件反射，即使危险已经解除或发展出其他可用资源。症状意味着被忽视的自我的回归，而治疗过程则代表开辟一片欢迎和整合被忽视的自我的仪式空间。遗弃的后遗症可以被关系联结的过程所取代。

为了进行重新联结到躯体自我，我们需要确定联系断开的顺序，即个案放弃躯体自我的时间和部位。以下是对个案进行访谈的简短示例，这位个案表现出的是恐惧和焦虑：

个案：……好吧，我想我最后一次焦虑是今天早上我朋友来的时候。

治疗师：嗯，你朋友。我可以问一下他叫什么名字吗？

个案：比尔。

治疗师：在比尔来之前，你觉得怎么样？

个案：呃，那天早上我感觉很好，只是打了几个电话什么的。

治疗师：你当时感觉很好，然后比尔来了以后就出了问题。这么说吧，你能不能先放松一下，回想一下你到底是什么时候开始感到不安的？是在比尔来之前，还是他在你家里时，你才开始感觉到要开始焦虑了？（用温柔的语气，引发个案进入经验世界。）

个案：（停下来想）呃，他一进来，我就开始感到有点紧张。

治疗师：他一进来的时候。那时候你在哪儿？

个案：我坐在桌子旁。

然后，治疗师问了一些其他问题，关于家具，还有每个人都穿的什么衣服，具体说了什么话，身体在每个阶段感觉到了什么，等等。这个过程是艾瑞克森催眠疗法的范畴（Gilligan,1987），从这些互相关联的问题中复原出个案出现不适的事件始末，以便明确和分析经验。另外，我们的目标是重新联结到对认知自我的描述（也就是说，在治疗性对话中所谈论的东西），以及与躯体自我的经验，即个案在事件中有什么样的感受，这样治疗师才能有效地进行支持。

## 第二步：找出被忽视的自我及所处位置

在问题发生的某个阶段，个案会产生一种不安的感觉。这代表着被忽视的自我的出现。重申一下，识别被忽视的自我的一个简单方法是要求个案补全这句话："如果我没有做过或经历过（或摆脱）X，那么这就不会成为问题。" X 代表被忽视的自我。例如：

- 如果我不那么压抑，我就会成功。
- 如果我不那么生气，我就能继续过安稳日子。
- 如果她不那么冷淡（我也没有因此觉得被拒绝），我们的婚姻就不会出这么大的问题。
- 如果他们不那么腐败，我会很高兴。

这种概念的意思是，当不被接纳的经验或行为出现时，个案就必须"出走"或逃离，因为已知的压力激活了"战斗或逃跑"反应，个案失去了与中心和场的联结，处于一种单纯的对抗或逃避模式。这正是关系发生破裂的地方，被忽视的自我开始发展并出现症状。因此，让被忽视的自我回归到关系自我领域是治愈的关键，如下列出有助于治疗的三个步骤：（a）确定躯体中心；（b）确定年龄；（c）改变称谓。

**确定躯体中心**

我们问个案："当出现问题时，你身体的哪个部位最能感觉到应激反应（或不适）？"许多人的第一反应是立即指向他们的胃、太阳神经丛（腹部）或心脏。如果个案很难理解这个问题或者感知不到位置，这就说明他过于紧张或迟钝，无法直接感觉到自己的躯体异常。因此，询问个案的感觉可能会引起他的困惑或恐惧。这是很普遍的情况，所以我们要找到有效的方法帮助个案放松，并对自我联结开放。前几章的相关技巧对这方面会有帮助。

当问到身体位置时，我们可能会悄悄地用眼睛"扫描"个案的全身，探索"能量中断"发生在哪儿。例如，我们可能会感觉到个案的身体有某个部分显得特别紧张，或者被交叉的双臂覆盖。个案经常会通过某一姿势保护被忽视的自我的柔软中心，治疗师可以熟练地辨别这一点。

一旦在个案身体上找到被忽视的自我，治疗师就要将注意力放到自身对应的身体部位。例如，如果个案说他胸口感受到了强烈的恐惧，那么治疗师也要用胸口去感受这种恐惧。如我们在第五章中讨论的，身体中心的能量感应该有别于该中心的情绪内容。因此，一个人既可以感知到他内心的开放，也可以感觉到内心的恐惧。治疗师通过向个案敞开心扉来为其被忽视的自我提供了一个暂时的"寄存空间"。这可以帮助个案学到在自己的躯体中心支持和转化困难的经验。

在身体里寻找被忽视的自我，主要目的是把个案带回到当前现实中。只要被忽视的自我在"现在"的时间和空间中获得确认，便有机会和躯体自我形成更有帮助的关系。（切记，压迫或切断关系会使个案与整个关系场分离，而不只是其中一部分。这是笼罩在恐惧或仇恨中所付出的代价。）找到被忽视的自我的一个好处是它可以减少个案的普遍焦虑和不安。如果某种经验在个案躯体中没有安放之处，那么它只能“自由浮动”或四处转移，这种感觉会扰乱注意力，减少自信心。被忽视的自我的不定形特质会让人感到难以承受。那么当它最终有接纳之处时，就会变得稳定（虽然随着时间的推移而改变），也更易于接受支持。

**确定年龄**

躯体自我有许多身份和年龄。事实上，各种不同的心理原型在身体中心流动。被忽视的自我是躯体自我的简化形式，当正在运作的心理经验受到了阻碍，其形式便固定并被“冻结”[1]。被忽视的自我通常被体验为失控情绪（例如，恐惧、无助、愤怒），而必须被忽视、否定、压迫或以其他方式脱节。为了给它更多的支持和人性意义，治疗师需要通过躯体来找到它，然后确定其年龄。我们可以这么问：“如果有一个数字能代表你（确定的身体位置）所体验的（感觉）年龄，你会想到数字几？”这个措辞有些催眠作用，提出问题时要温和而坚定。治疗师可以提供一些放松的小建议来帮助个案“让其发生”。

无论个案的脑海浮现什么，治疗师都会正视并感知它。也就是说，个案在出现症状时存在两个年龄：现在的年龄（认知自我）和更早的年龄（被忽视的自我）。正如我们在上一章的“你是谁？”练习中看到的那样，包容不同自我的年龄的能力是发展关系自我的基础。

在感知被忽视的自我的更早年龄时，要记住这个年龄是一直在动态发展

---

1　同样，一般观点是，经验代表着生命在身心中流动。为了让经验成为记忆或知识（从“现在”到“过去”），它必须经过多个层次的处理来新陈代谢，例如，感觉、知觉、认知、运动。如果经验太具有压倒性或威胁性，就像生理或心理创伤，神经肌肉就会“阻止”这个过程，并把它作为一个依赖情境的分离经验保存在躯体自我中。精神创伤信号的重启可能会对其产生反应。此外，放松也会释放经验，因为它意味着危险已经结束，而经验的处理也会自动完成。这就是为什么心理创伤的幸存者很难放松下来：它会激活创伤。我们希望心理治疗可以提供环境和方法来将经验整合到完整的学习中。

的。重要的是，我们不要将个案的躯体自我简单地视为一个“恐惧的3岁小孩”。这恰好是个案也容易误解的。个案所经历的每一个年龄，每一种情绪，每一种心理状态有时会停滞，直到被接受和支持，那么治疗师要找到沟通的方法。只有接纳才能让个案感到释放，新的心理年龄和身份才有机会出现。

**改变称谓：把“它”换成“她”或“他”**

心理关系中的核心问题——无论人与人之间或个体内部——是到底要把“其他”当作“它”还是“你”。自我关系身心治疗法看起来像是把被忽视的自我从需要被控制或漠视的“它”转移到可以被接受的“你”。例如，假设个案回答关于年龄的问题时使用了数字“3”，那么治疗师可以继续说：“所以……（“看到”并感知到被忽视的自我就像3岁的孩子）他3岁了。”从支持者的角度来说，用慈悲的语气为被忽视的自我命名和祝福。个案通常会体会到深深的温柔和脆弱。这种反应来自比认知自我更深处。通过温和的专注和敞开的心扉，治疗师就会将被忽视的自我的经验带到人类社群的关系领域。

当个案感觉到内心深处有某种东西在觉醒时，他们可能会经历一些认知上的困惑，特别是关于用来描述被忽视的自我的代名词。他们可能会问：“这个他指的是什么意思？”治疗师通过维持与被忽视的自我的非言语联系做出回应，同时与个案的认知自我进行以下对话：

治疗师：你是说当出现问题的时候，你的身体会有一种强烈的不愉快的感觉，这种感觉不是来自你自己，甚至跟你毫无关系。你平时不是这样的，平时都特别正常。这种感觉来自其他地方，而非你的正常自我。对吗？

个案：是的。

治疗师：如果我没听错的话，好像最令你不安的就是当这种感觉出现的时候，不知道为什么，你会觉得自己消失了或者失去了控制，是吗？

个案：是的。

治疗师：所以我猜，关键的问题在于：如果这种反应不是来自正常的自我，那么它是什么？它是从哪里来？（短暂的停顿，让个案反应一会儿）很明显，讨论和思考这种经验的方式有很多种，当然更传统的方式是把来自你内心深处的经验看作一个没有意义的“它”，应该被忽视、摧毁或抛弃……我不知道是谁教你这样看待问题……如果我没听错的话，你好像已经试过很多次了，但都没有成功……负面的感觉频繁出现……因此，将这种感觉视为他的一部分也许更有用，虽然不是完全真实……他……属于你的另一个自我，甚至现在正在倾听……“他”有自己的感觉，自己的想法和形象，自己的倾听方式……他被忽视了很久很久……你可能曾试图摆脱他，诅咒他，忽视他，伤害他……但没有成功：他还活着，他在这里……最棒的是，你再也不能否认他了……

为了有效地沟通，治疗师必须在关系方面能够做到感同身受。就像诗人、有爱心的父母、演说家或者艾瑞克森学派的催眠师一样触及躯体自我的柔软中心。与中心的接触会激活适当的经验参考。而在这之前，关于被忽视的自我的概念看起来就像是胡言乱语。

我们可以进一步阐述这种观点，引发症状的感觉代表了生活在我们每个人体内的另一个自我的存在。如果“另一个自我”的这种想法看起来很奇怪，那么我们只需要记住它是许多艺术化表达的基础。艺术家会感受、倾听并利用“潜意识”作为引导。在发展人性的艺术创作中存在着同样的挑战：意识并关联到存在于躯体自我灵魂中的内在生命的天赋。通过找到和认识这种原型的存在，我们就可以将症状转化为创造性行为。

## 第三步：找到并激活认知自我

适应被忽视的自我时面临的最大危机就是认同它（对治疗师和个案来说都是如此）。个案可能陷入抑郁和悲伤中无法自拔，或者越来越激进，或者沉迷于退缩和恐惧中。对被忽视的自我的认同感如果持续下去就会毫无益处。自我关系身心治疗法的目标是既要适应被忽视的自我，又要与认知自我保持联结。

当个案即将要被被忽视的自我压垮时，我们就要请出认知自我。这类似于一种系统脱敏技术，该方法要求将痛苦的刺激（被忽视的自我）逐渐与积极的意象（有能力的认知自我）匹配。要联结认知自我，就要用一种不那么催眠、更直截了当、但仍然吸引人的非言语方法。比如我们可以问问个案的年龄：

治疗师：所以他3岁了……（治疗师去觉察被忽视的自我，然后以非言语的共情去包容它，并温柔地放手）……顺便问一下，你现在多大了？（针对认知自我）

个案：（有点愣神）我？

治疗师：是的，你（要微笑，轻快而有节奏地转换坐姿，手指着个案）。他3岁（指着个案的腹部），但是你——正在看着我的那个正常的你，你多大了？

个案：呃，我43了。

治疗师：这就对了……（看着个案，把他感觉成一个有资源和能力的43岁男人）是的，可以看出你43岁了……顺便问一下，你能告诉我，和3岁小孩相比，43岁成年人最大的优点是什么？

大多数人会说，他们现在年龄最大的优点就是拥有更多的自由和更多选择的能力。这表明现在的年龄有能力支持被忽视的自我，尽管他们自己还不知道这一点。

为了进一步发展与个案当前年龄代表的认知自我的联结，治疗师可以询问个案的工作、目前的家庭和朋友情况、兴趣等，这些因素构成了关联认知自我的“锚”，可以用在对话的任何阶段来平衡被忽视的自我。

例如，假设治疗师正在与一位个案交谈，个案正处于悲伤之中，但还能够保持关系联结。几分钟后，个案的悲伤愈加强烈，似乎要控制不住了。为了让个案重新保持关系联结，治疗师可以通过提问将注意力转移到认知自我上。“哎，顺便问一下，你平时都喜欢干什么？”即使是在与个案的认知自我交谈，治疗师也会保持与躯体自我的潜在联结，这就是上一章中提到的同时保持双重身份。把注意力转移到认知自我可以化解被忽视自我的失控过程，把注意力重新带回到当前。几分钟后，注意力可能再度转移回悲伤上。

问题的关键并不是阻止个案的负面体验，而是需要在与自我、他人和关系场的持续性关联中体验。当这些联结被打破时，负面经验就会以自我贬低的方式表达出来。因此，治疗师的任务是确保负面经验要在上述三方面相关联的条件下得到处理。在认知自我和躯体自我之间转移注意力是一种有用的技巧。当然，请记住，这里描述的只是原型，可以且应该还能开发出其他方法。

## 第四步：明确和区分消极支持

在前几章中，我们已经确定了消极支持的两种基本形式：（1）使人远离与自己、他人和生命关系的外部干扰；（2）本身产生的自我麻痹。我们将分别进行探讨。

**辨别外部干扰**

外部干扰是激活及保持认知自我的一个主要障碍。外部干扰的概念是：我们受到许多人和消息来源的影响。有的会祝福和唤醒柔软中心，有的会诅咒和麻痹它。在遭受创伤的情境中，一个人就会被外部干扰影响，这些影响印记着对生命的否定："你这蠢货""你总是把事情搞砸""都是你的错""你可真没用"等。这些想法可能会直接否定一个人的存在价值和意义，所以导致人无法与中心的经验共存。当一种情绪出现时，被负面支持影响的人就会用拒绝、忽视或暴力回应它。

当个案在治疗过程中切断与自我的联结时，通常就是外部干扰带来的影响。个案可能会毫无预兆地退行，否定自我或批判他人，或者陷入恐惧。这种"关系的破裂"标志着"外部干扰"已经"控制"了这个人。重铸灵魂的道路上布满了外部干扰的陷阱。也就是说，当一个人关注自己的柔软中心时，就会受到威胁，威胁他如果真的感知柔软中心的话，就会发生可怕的事情。在研究这个问题的过程中，个案会有很多非理性的信念。例如，如果他们真的放松下来的话，上床睡觉就永远醒不过来；如果他们满足自己的需求，那什么也做不了；如果他们停止强迫行为，会感觉被整个世界抛弃，把他们弃于"尘土"；如果他们表现得不够好，就会从世间消失。他们承认这种思想毫无逻辑，但却无法逃离。

自我关系身心治疗法希望将人从外部干扰信念中解放出来。智利诗人巴勃罗·聂鲁达（Pablo Neruda）有诗云：

如果我们不是单单执着于在生命中不断进取，

那么至少这次什么都不要做。

也许一种巨大的沉默将中断我们的悲伤，

这是种从未了解自己的悲哀和对死亡逼近的恐慌。

我们可以用很多方式去识别和挑战负面支持者。我的习惯是兼具严肃、幽默和同理心的风格。以下是与一位沉浸于悲伤里的个案的交流。他每次觉得伤心时，就开始自闭，然后批判自己。

治疗师：当我们在谈论你的个人经验时，我想知道还有谁在跟你谈论这些？

个案：什么？

治疗师：现在，此时此刻，还有谁在跟你说话？

个案：（纳闷儿）你说啥？

治疗师：（严肃但略带打趣）好吧，咱俩在聊的时候，好像是触碰到某种重要经验……你现在看着有点难过……然后好像发生了什么事儿。我不知道你内心的感受，但看样子，你内在好像有什么东西关闭了，你必须逃离。

个案：（停顿了一下，看起来很难过但又立刻掩饰）嗯，是……我不该那么想……

治疗师：（紧张，带着一点儿愤怒）……是的，没错……那些家伙……（打乱个案的自怜）……那些告诉你不应该有这种感觉的人。

个案：（纳闷儿）什么意思？什么那些家伙？

治疗师：好吧，你怎么知道这就是你在说话？（恶作剧地说）

个案：不是我，还能是谁？

治疗师：（假装闷闷不乐）嗯，也许你被别人附身了。

个案：别人？（看着治疗师，不确定他是在开玩笑还是认真的，但很好奇。俩人都笑了一会儿。）

治疗师：（眨眼故作深沉，假装老学究或科学家）恐怕是这样……我的专业观点是你被别人附身了……（停顿一下，然后微笑。接着俩人都大笑起来。悲伤的气氛瞬间打破。然后治疗师回归正常状态。）我只是半开玩笑而已，因为刚才咱俩聊的时候，突然你就走神了。就像是有其他人来了，那你就得赶紧撤的感觉。你明白吗？

个案：是……（低头叹息），我觉得特别惭愧，特别讨厌自己。

治疗师：是的，我看出来了。（温和、同情的语气）你知道那些声音（或那些想法）当时或现在在说什么吗？

个案：他们说这都是我的错。（有些伤心，但依然还在状态）

治疗师：你的错……好吧，我想说的是，对心理经验来讲，最糟糕的应用之一是你会认为所有通过你传递的声音都属于你。像催眠和冥想这样的练习最有用的一点就是能让你真正研究那些声音。你会发现有些声音会支持你……它们允许你活在当下，允许你接纳和表达自己的经验。那就是你的声音。

你会发现其他的声音会让你不由自主地想逃离。你会觉得你很渺小，没有存在感，没有人爱你，还有罪恶感。（个案点点头）那么问题来了，这些真是你的声音吗？这声音能代表你？你可以说这是你的声音，但实际上我觉得肯定不是。（停顿一会儿，眼神要温柔、同情、严肃和一丝调皮）我觉得你被附体了。（停顿一下，让个案的想象力打开，感觉得到延展）……

我开玩笑呢，因为没有点儿幽默的话，处理你的问题就会很困难……（语气放温柔）但是说认真的，不管发生在你身上的是什么，你确实被什么外部干扰侵袭了。这些东西告诉你，你活着没意义或者没体现出真实的自己。（停顿一下，加深联结）我觉得这些声音根本不对。它们在离间你和你的内心。（长时间的停顿）如果你被侵袭了，倒是有个办法可以摆脱。

个案 :（有些投入，眼含泪水）什么办法?

治疗师 :（温柔的共情和共鸣）你得和内在另一部分自己重新接触并建立联结……那部分你正在倾听我们……那个曾受伤且被抛弃的部分……但现在他在听咱俩说话呢……因为当你和他（被忽视的自我）断绝联系或者互相伤害的时候，关系就会破裂——就像是联结你和另一部分自己的电梯停止运行，你不知所措，然后就有外部干扰控制你。（此时个案会审视被忽视的自我，然后再次陷入悲伤。为了重新回到治疗，治疗师要柔和地改变语气，与个案的认知自我建立联结。）

但也有头脑中的认知和腹部的感觉之间沟通顺畅的时候，就像运行的电梯一样顺畅。（此时可以问个案什么时候没有感觉被外部干扰控制——比如，第三章讨论的“自我超越”提到的外部干扰并不存在。这些经验反映了认知自我、躯体自我和关系场之间存在关联。正是在关系自我的经验中，外部干扰不存在，所以在场中重新联结两个自我是阻挡外部干扰的最佳方法。）

许多个案发现“外部干扰”这个想法特别有帮助。就像冥想一样，首先要放空自己，它有助于让个案摆脱对负面影响的认同，从而重新联结到腹部平静的“思维中心”。再次强调，这种表述的含义很诗意，既轻松又严肃，所以治疗师需要将其置于这样的情境下呈现。辨识外部干扰的目的并不是要多么重视它，而是要把它与个案自己的声音区分开来。更主要的目的则是实现关系自我。

我们大多数人可能长久地经历过外部干扰的影响，将自己从中解放出来是一个需要时间和毅力的持续性过程。我们发现，给所有攻击型“外部干扰”拉清单对解放自己比较有帮助，然后每天可以检测一下，并用积极的支持想法取代它们。

另一种比较幽默但很有成效的技巧是在治疗性对话中布置一个“A.D.U”——即“外部干扰探测单元”。每当有负面支持者“踢场子”时，治疗师会发出警告，“警报，警报，警报。敌方接近。敌方接近。注意，人类，敌方目标是否定你的自我价值……”。由于外部干扰大多数时候在个案不注意的时候发动攻击，因此这种警告可以打破负面影响的魔咒并重新集中注意力。接下来，治疗师就可以直言不讳地讨论个案所感知到的负面想法了。

**辨别和挑战自我麻痹模式**

正如我们所看到的，关系自我也可能因自我麻痹的行为而破裂，比如自怜、自大、抱怨、嫉妒、胡思乱想、自我批评和自我怀疑等。当出现这样的行为时，处理被忽视的自我的伤口就会变得相当困难。因此，我们需要识别和挑战这些自我否定的行为。本书最后一章提供了一个有关的例子。这种关系过程的目的是培养温和的警觉：温柔地感受并对经历的各个方面都要开放，以及清醒地看到处境。温柔和清醒两者都是因自我麻痹的行为而丧失的。就像被虚假感觉淹没一样，躯体自我被真实的感觉所淹没，而认知自我被自耗的想法所扭曲。

挑战自我麻痹是一种微妙的行为，正是因为它同时结合了人的坚硬和柔软两部分：愤怒和自我保护的强硬，以及内心的伤痕和一触即痛的柔软。因此，治疗师过于温柔的话就会被个案的直接或间接表达出的愤怒所淹没，而太强硬或不敏感的治疗师则会引发个案的恐惧和退缩。因此，治疗师需要用两者兼顾的方式来处理自我麻痹：既严肃又幽默，兼具战士和情人能量（同时还要加入些神奇成分），敢于挑战又适时让步，坚定不移又充满慈悲，温和敏感且激烈理性。

例如，个案抱怨没有人理解他。他的言谈举止有一种多年来一直无法治愈的顽疾的感觉。而治疗师发现自己有些无聊，或生气或害怕，却不知道因为什么。(通常这意味着由于与个案多次相处，已经受到了他外部干扰的影响。因此，对内部反应加以关注可能有助于治疗。) 我们可以说，处于恐惧（或愤怒）的被忽视的自我正在被自我怜惜所毒害[1]。如果治疗师只是简单地同情，那极有可能会陷入一种长期抚慰个案痛苦，但无法得到根本性改变的模式中。所有的心理治疗师都非常熟悉这个陷阱。但是只简单地要求个案“懂事”并“做些什么”，也没有多大的意义。

因此，治疗师必须具有同情心，敢于挑战，同时还要心胸开放且清醒。在最后一章中，我们会看到如何通过直接识别自我麻痹，然后在热烈的交流中维持关联来做到这一点。

当然，还有其他方法可以消除自我麻痹的诱导。其中一个是简单地询问个案每一刻的反应：这是否让我更靠近还是远离中心？例如，如果你批评自己或别人，或者抱怨某件事，那就关注一下这种行为对你与中心之间的关系的影响。关系是在加强还是削弱？然后关注当你看到削弱了与中心的关系时自己的状况。你对这种状况的回应——例如指责或失望——是否再次让你靠近或远离你的中心？随着这个问题的反复，答案很明显：大多数改变经验的尝试实际上使我们离中心更远。

在处理自我关系时，很明显，关注中心远比理智地分析谁是“对的”更能体现幸福感和人生价值。如果失去与中心的联结，那就只剩下动物的本能

1　我的一位合气道师父喜欢告诉他的学生：“你在跟自己较劲。”自我麻痹的行为就是在跟自己较劲。这种行为会麻痹或切断躯体自我的能量，加深自我仇恨和绝望。因此，心理治疗师必须巧妙地以爱和有效的方式来干扰或阻止这种行为。

反应，而非人性的回应。如果与中心建立联系，那么你就能进行有效的关系型思维和行为。当你发现自己的行为使你远离中心时——例如，当我感到不满意时，就会把中心抛至脑后——此时可以采用第四章中的专注力练习：带着觉察呼吸，放松，集中注意力，缓和注意力，打开注意力，放空注意力。然后可以简单地问自己哪段经历需要支持，再采用第五章中的任一技巧来做到这一点。虽然大家都不可能完美地做到，但起码更加容易融入日常生活。生活的重心逐渐从执着谁对谁错，变成活在当下，于人有益。

## 第五步：联结认知自我和（被忽视的）躯体自我

当人的意识没有被消极支持所征服时，便可以自由地重建关系自我。本模型使用量化的方式来分析被忽视的自我、认知自我及它们之间的联系的强度水平：

1. 在1到10的范围内，其中1是强度最低，10是强度最高，你现在感觉你的太阳神经丛（腹部）中被忽视的自我强度是多少？用数字表达。

2. 在1到10的范围内，其中1是强度最低，10是强度最高，你现在感觉你头部（从眼睛后方向外观察的部位）的日常认知自我强度是多少？用数字表达。

3. 在指数1到10的范围内，其中1是强度最低，10是强度最高，你觉得脑部的认知自我与腹部被忽视的自我之间联系的强度是多少？用数字表达。

本方法的目的是培养对关系中每个自我的感觉。一旦产生了感觉，治疗师可以问问个案是否想尝试增加或减少一点强度以看看会发生什么（Gilligan & Bower,1984）。例如，如果认知自我的强度是5，而被忽视的自我的强度是8，那么个案往往会觉得失控。通过在内在轻轻地操作“强度控制器”，可以把认知自我变成7，被忽视的自我变成6。这种相对值的微小变化通常会对人的整体经验产生明显影响。

当被问及两个自我之间的联系程度时，有些个案会很茫然，看起来这好像是一个全新的概念。通常来讲：认知自我和被忽视的自我基本很少或根本不会共存。当一个人全神贯注于认知自我时，躯体自我就会被忽视。当他的躯体自我加强时（例如，如生活发生转折或出现症状等与身份相关的事情），就会切断与认知自我的联结，并被外部干扰取代（记住，只有在你先抛弃中心时，外部干扰才会乘虚而入。在支持躯体自我方面，你永远都有“第一选择权”）。自我关系身心治疗法的目标就是检验当一个人感觉到不同的自我之间产生关联时会发生什么。这是对整体、亲密关系、爱和合作关系的结构性说明。

如果个案很难感觉或联系到被忽视的自我，这里有一个简单的小建议可以帮助个案集中和放松注意力，来发展感觉。例如，如果个案拒绝被忽视的自我，那么他会说他的恐惧毫无意义，他应该只是“长大”。那么关于外部干扰的工作需要进一步处理。我经常使用的一种方法是：问个案他会如何回应别人的恐惧。例如：

治疗师：当他（被忽视的自我）陷入恐惧时，如果能感受到你的存在和支持，你认为这会有用吗？

个案：（严肃）不！他才不值得，他应该学着克服恐惧，变得成熟。

治疗师：呃……（平和，停顿下）……你有孩子吗？

个案：还没有。

治疗师：那你有没有特别喜欢哪个孩子？

个案：有，我有一个侄女，8岁了。

治疗师：小侄女，她叫什么名字？

个案：阿里安娜（Arianna）。

治疗师：阿里安娜……那你喜欢和阿里安娜玩吗？

个案：是的，特别喜欢。

治疗师：我在想……比如阿里安娜害怕的时候，正好你在她身边——就是如果某人害怕的时候，你难免碰巧在身边——你会怎么说？你会怎么做？你会责备她吗？（柔和而严肃的声音）

个案：（他的注意力被抓住了）不，当然不会。

治疗师：为什么？

个案：呃，她不应该受到责备。

治疗师：嗯，我知道你不会……（沉默地专注）……那你会吼她吗？会说她很坏吗？

个案：不，当然不会。

治疗师：（停顿下）……嗯，我知道你不会那么做。那你会怎么做？

个案：（轻轻地，感情流露）……好吧，我可能会安慰她，告诉她一切都会好起来的。

治疗师：（停顿下，注意个案表露出的慈悲心）……嗯，我知道……那如果是别的孩子呢？你也会这么做吗？

个案：是的。（平和且坚定）

治疗师：（沉浸在这种气氛中）……是的，我知道。你觉得每个人都应该得到尊重和关注，不应该受到暴力或忽视（停顿下，沉淀个案的内心）。所以我猜最关键的问题是（沉默，停顿下，让个案跟上）你也是一个应该得到尊重和关注的人吧……（个案眼含泪水，治疗师更加温柔，并加深与个案的进一步联结。）你现在的感受说明你是，你内心深处的感觉，你内心深处在倾听的自我正在觉醒……现在我知道了你生命中不同的人拒绝或者忽视了他，告诉他不重要甚至不存在，但他始终在这里，他还在这里，他在听我们说话。他有时候害怕，有时候高兴……有时候很害羞，有时候很外向……他会有很多不同的形态。那么真正的问题是……你该怎么和他相处。

这个对话的目的是触碰并意识到被忽视的自我，这是症状的核心。这就是典型的未经人性覆盖和认可的核心经验，所以它并没有人性身份。经过支持，个案可能开始感受到它的深层意义。

当个案对认知自我和被忽视的自我之间的关系敞开心扉，那么这种关心会让他轻轻地闭上眼睛，加深心灵感应的联系。

当建立起感知或“心灵感应”后，人看起来就会跟平时不一样了。他身上常常会散发出一种深邃的美和平静的感觉。他会感觉到每一个自我，但并不单独认同它们。这既不是控制躯体自我的认知自我，也不是控制部分自我的“执行自我”，更不是控制“内在小孩”的“成年人”。它是联结两个自我的感觉，不仅显示出自我之间相互依赖的关系，而且也显示出了与比任何一个自我都充满智慧的关系场的联结。这种关系自我在个人经验中可能不会持续很长时间，但它可以促使我们不断往复学习这些经验。这才是生活的真正乐趣。

## 第六步：回想问题发生的顺序

当关系持续中断时，问题就会退化为心理症状，因此修复关系可以避免问题退化为心理症状。例如，在本章开头的例子中，那个人在与朋友交流时变得焦虑和自责。我们可以说，是被忽视的自我的出现，以及与认知自我的分离打断了友好的交流。一旦修复不同自我间的关系，他便可以尝试闭上眼睛，想象自己已经回到关系事件里，这次要保持内在联系的感应，并且注意任何差异。例如，当个案感觉到躯体自我的恐惧，可以通过认知自我来提供支持。这意味着个案可以正确引导外部支持的力量。

## 第七步：对关系自我的进一步实践

古话说：我们每天抛弃灵魂100次，不，1000次。因此，这种治疗模式并非灵丹妙药，而是崭新的开始，即无论环境如何，都要保持良好的关系。个案需要勤加练习，另外治疗师也可以和个案谈谈如何持续培养这个能力。为了深入地研究自我关系身心治疗法，我们可以通过培养冥想、与某人的特殊交流等方法做到这一点。我们要认识到，不要指望着自己永远不会抛弃灵魂；事实上，我们要学会接受每天都会多次进行自我否定的现实[1]。当我们接受了这个现实，也就可以更坚强、更平静地致力于“不断回归”关系自我。

## 小结

生活是由一个接一个的时刻、一件接一件的事情组成的。它不是在经历某些情况时还要“检查”目前的生活状态。这种“关系的破裂”迟早会阻止

1　据说，合气道创始人植芝盛平的一名学生曾对他的老师说：“老师，你肯定永远不会失去你的中心。”植芝盛平回答说，他和别人一样会失去中心，他只是更快地回到了中心而已。因此，当我们放弃了“坚持”完美并时刻保持住中心的希望时，就可以像坚韧的竹子一样随时回到中心。

人的心理活动，实际上是让人在同一件事中一次又一次地“兜圈子”。当这种情况发生时，自我会检测出外部干扰，然后自动给予反应，并且自我贬低。因此，人会从“近距离”亲眼见到的身体失控，体验受到负面支持者影响。直到某些支持重新联结到中心，否则这种“症状”会一直持续。

我们研究出了七步法来修复关系自我。该方法寻找关系中断发生的部位和方式，并探索如何支持关系自我的三部分：支持被忽视的自我，回归认知自我并激活其支持能力，清除消极支持以重建关系场。随着关系自我的重生，生活中的困难可能会顺利解决。

在这个旅程中，可以听听哈利勒·纪伯伦（Gibran Kahlil Gibran,1923）在《先知》（*The Prophet*）里的话：

在山林中，你坐在白杨树荫下，享受着来自田野和草原的宁静与清凉，就让你的心反复默念：“上帝之魂静息于理性之中。”

当风暴刮起，暴风撼动木林，雷鸣电闪显示苍天威严之时，就让你的心敬畏地默念：“上帝之魂波动于热情之中。”

既然你是上帝麾下的一股气息，是上帝森林中的一片叶子，你也应该静息于理性，波动于热情。（P.51）

# 第七章

## 自我关系身心治疗法中的原型资源

昨夜，在我睡着的时候，

我梦到了奇迹般的错误，

我的心里有一个蜂巢。

金色的蜜蜂正在建设白色的蜂巢，

而甜蜜的蜂蜜，

来自我往日的过错。

昨夜，在我睡着的时候，

我梦到了奇迹般的错误，

炽热的骄阳照亮了我的世界。

它的炽热如同家里的壁炉将我温暖，

它的光明让我振奋，流泪。

昨夜，在我睡着的时候，

我梦到了奇迹般的错误，

上帝在我心中。

——安东尼奥 · 马查多

当你用声音作为工具时，你会感受到我们无法用语言表达的情感，你会在声音中遇到一些类似于人类记忆的东西。

——梅雷迪斯 · 蒙克（Meredith Monk）

自我关系身心治疗法的一个主要观点是我们有两个自我。生命在躯体自我的柔软中心流动，同时也被认知自我的智慧所理解、支持和引导。这两个自我间的对话实现了关系自我。

在关系自我中，可能出现三种基本类型的关系。第一种是疏离，认知自我会试图控制或忽视躯体自我。这个现象表现为否定、压抑、理智化、纯意识形态和其他形式的脱节等。第二种是荣格（1916/1971）所说的自我膨胀，即认知自我被忽略了，或者被原型模式和躯体自我的感受淹没了。这表现为发泄、过度认同、上瘾，和其他“失控”行为。第三种是关系型，表现为体验并表达出两个自我的整合感以及与更大场的联系。

为了培养这样的关系自我，我们必须了解躯体自我，并和它协同工作。这项技巧是所有艺术的核心，无论是绘画、育儿、舞蹈、治疗、成长还是亲密关系。躯体自我是自然的核心，它承载着生命的节奏和自然的韵律：生与死、黑暗与光明、平静与暴风雨。就像逝去的生命回归大地，活着的经历回归于躯体。这些经验不仅是个人的，更是集体（祖先的）共同的。正如艾略特（1963,P.189）所说，“生命的每一刻都在燃烧 / 而不只属于个体。”

因此，对躯体自我的运作提醒我们，我们经常受到两个历史的影响：一个是个体自我的历史（在个体独特的生活经历中所发生的事情），一个是人类或集体自我的历史。荣格（1919/1971）认为后者是围绕着普遍的主题、意象和关系模式来组织的。这些普遍的模式代表了每一个人生命中的挑战或存在方式：爱与被爱、保护生命和维持差异和界限、治愈创伤和改变身份、给予祝福并接纳群体中的每一个人。事实就是每一代人都必须应对这些挑战，并且发展出人类共同的心理意象和结构。这些就是我们所说的原型。荣格（1919/1971）观察到：

原型意为典型的理解模式，无论我们遇到怎样统一的、经常反复出现的理解模式，对我们来说都属于原型，无论它的神话特征是否被辨别出来……集体潜意识是由本能及其相关原型组成的。就像每个人都拥有本能一样，原型也拥有大量的原型形象……原型（或原型形象）……可以描述为本能对其自身的感知。（P.57）

原型在梦境、文学、艺术、战争或其他基本的人性表达中尤为明显：篮球方面的迈克尔·乔丹（战士 / 英雄）、心理治疗方面的艾瑞克森（魔术师 / 治疗师）和宗教方面的修女特蕾莎（情人 / 治疗师）都对原型十分精通。我们在催眠、婚姻、吸毒、宗教仪式，以及性等行为中也可以发现原型。在某些特定情况下，使这些人或行为成为原型的是，它们既反映了个体意义，同时也反映了普遍意义。他们不仅表达了自己，而且还表达了一种在整个意识史中反复发现的经验模型，而且通常是跨文化的。正如我们所见，在某些行为中同时发现个体（个人）和超个体（集体）的意义很有价值。

原型在心理症状中表现得非常明显。正如荣格（1957）所说：

我们认为我们可以庆幸自己将（原型）神抛之脑后……但我们仍然被自主的心灵内容所控制，就像它们是奥林匹亚人。如今它们被称为恐惧症、强迫症等一句话，就是神经症。众神变成了顽疾，宙斯也不再统治奥林匹亚，而是统治着太阳神经丛。

当然，原型并不总是产生消极的经验。本章探讨的是如何在治疗中识别和利用原型的积极资源。比如说，像艾瑞克森和库比（Kubie,1940/1980）说的，它们构成了治疗师与个案沟通的重要基础：

在人格的意识组织的多样性本质之下，无意识的谈话使用的是一致的语言……无意识永远更善于理解一个人的无意识，这远胜于任何意识所能做的。（P.186）

因此，我们可以认为原型流动于人的内在及人与人互动之间（例如治疗师和个案）。本章的其余部分研究了原型与心理治疗的相关性。首先熟悉了关于原型的一些基本概念，然后详细介绍了一种识别和处理问题中固有原型的模型。最后，研究了治疗师对原型沟通模式的使用情况。

## 心理治疗中的原型概念

表7.1列出了9个与心理治疗相关的原型概念。我们将依次研究。

### 1. 原型的主要功能是帮助人们更具人性

生命带给每个人一次又一次的挑战，帮助人们认识到自己的天赋和能力。这些挑战中有许多是人类共通的：我们的祖先在面对挑战时，他们的习得经验和反应存在于原型天赋中。而这些天赋可以帮助我们迎接这些无尽的挑战[1]。

---

1 传闻，戈尔达·梅耶（Golda Meir,1969-1974年任以色列总理）和一位拉比曾经有过这样一段对话。拉比说，他在做很重要的决定时会与其他拉比讨论商量，他想知道戈尔达作为一国领袖是否可以跟挚友讨论大事。梅耶回答说，她在做每一个重要决定时都与两个人讨论：她的祖母（已然过世）和她的孙女（尚未出生）。

**表7.1　心理治疗中的原型概念**

1. 原型的主要功能是帮助人们更具人性。
2. 每个原型都有一个深层结构和许多可能的表层结构。
3. 原型形式的选择受文化和个人成见的影响。
4. 个体反映整体：每个原型都有一个进化过程。
5. 每个原型都有完整和不完整的形式。
6. 原型的价值取决于人性支持。
7. 人不应该沦为原型或与原型混淆。
8. 原型在身份改变时尤其活跃。
9. 治疗的目的是支持生命赋予我们每个人的天赋。

原型的一个例子是发展共有经验，对每个人本能的召唤使我们成为比自我更大的存在的一部分。在弗洛姆的经典著作《爱的艺术》（*The Art of Love*）中提到过，如果召唤不能通过爱的技巧得到满足，那么就会通过某些不那么有效的行为来实现它——例如邪教、毒品、性、摇滚乐，或其他形式的原教旨主义行为。

当然，还有许多其他种原型。例如下一节所讨论的模型区分了四种原型：情人、战士、魔术师 / 治疗师、国王 / 王后。这些原型代表了共享、热爱和接纳；凶猛、承诺和分化；治愈、魔法和重塑；祝福和指引。这些只是人性许多方面中的一小部分。

关键在于改变身份的时候，原型会流经我们。此时，我们可能会被比认知自我更强大的力量所接管而感到“失控”。这可能是一种令人兴奋的经历，比如坠入爱河；或者一种可怕的经历，比如出现症状。后者会让我们感到害怕，而且不明白为什么会这样。

自我关系身心治疗法认为，心理症状在本质上通常都属于原型：它们号召我们超越认知自我，成为更深层次人性的一部分。对人来说，原型扮演着干预者的角色：它唤醒人内心中关于自我和世界的意识，并引导她在原型所及的范围内成长。正如我们所见，人也需要认可原型。这种互相认可是成熟关系的标志。

由于我们认为症状的“非意识”是原型天赋的一部分，所以同情病人的恐惧，但也欢迎潜在的心理症状。我们认为心理症状代表了帮助生命成长的精神。例如，上瘾可能是人寻求与比自己更大的存在交流的特殊例子（Zoja,1989）。“情人”的原型范围极为庞大，具有令人难以置信的破坏性，但它携带着积极的种子。在下一节中，我们将介绍治疗师的任务是如何用积极的原型解释心理症状，从而将心理症状变成解决方案。

**2. 每个原型都有一个深层结构和许多可能的表层结构**

要将症状当作一个原型的解决方案，关键在于要认识到每个原型都是一个可以用无数种特定方式表达的通用模板。就像 DNA 或治疗型小故事一样，它是一般性的建议，而不是具体的命令。因此，虽然我们可能不得不表现出原型模式，但我们可以自己选择如何表现。例如，你可以问，“你认为谁可以代表情人原型？”可能是一个电影明星，一个现实生活中的人，一个家人或者神话人物等。情人原型有很多种，每一种都有优点和缺点。我第一个（也是最久的）情人原型是我的母亲。当我还是个孩子的时候，她是保守派天主教圣母的化身，她致力于爱每一个人，除了她自己。而我也奉行这种“爱人不爱己”的原则。

同样，个案对原型的理解或意象可能非常局限。例如，一个成功的女商人经历了一系列受虐的恋爱关系。她不明白为什么要和这么差劲的人在一起。当我们研究她心目中情人的形象时，她从文化和家庭的角度对女性情人产生刻板理解，认为一位女性情人是一位被虐待、无价值感的女人。在我夸奖她内心有强大的爱时，我也悄悄地激发她去发现更多有意义的存在，并且把这种存在代入人际关系中。

这是处理自我关系的一个常见策略：（1）检查症状模式，作为寻找原型的依据；（2）从普遍的积极属性中区分原型模式的特定形式（消极的或限制性的）；（3）夸赞个案的积极属性；（4）发展和鼓励用其他（更有帮助的）方式来表现积极属性。普遍认为，个案需要为每一个原型提供多个形象，以便灵活应对不断变化的环境。

**3. 原型形式的选择受文化和个人成见的影响**

例如，性别歧视或种族主义可能会限制某个特定性别或种族的人获得原型的范围。因此，一个人可能会被迫表现战士的原型，但只能获得该原型的毁灭属性。

比尔（Bill）是一个热情的年轻人，20多岁，曾经遭受过父亲的家庭暴力。现在他非常认真地在学习合气道，而且看起来像是受到冷酷无情的战士引导。幸运的是，他接受的是一位日本大师的训练，大师非常温和，做人光明磊落。有一天，在一堂空手夺白刃的课上，比尔对搭档使出了一记特别重的小手返（一种摔倒对手的招式）。搭档重重地摔倒在地上，身体笨拙地扭曲着，此时比尔很难对搭档使用锁臂术（一种擒拿对手阻止其反抗的招式）。当他与搭档纠缠不分时，师父从房间对面走过来，好奇地搔着头：“你干什么呢？你干什么呢？”他顽皮而专注地问道。比尔喊道：“师父，我正在制服他！”师父一脸纳闷儿，又搔了搔头，说：“你得手了，快跑！快跑！”比尔举起双手，仿佛做了一个真正的战士应该做的，然后走开了。

比尔被这种催眠般的混乱技巧搞得有些糊涂。毕竟，他致力于成为一名真正的战士，而真正的战士却告诉他，他需要放下杀心。比尔的师父没有任何一点符合比尔心目中战士的形象，但是他却对师父有着极大的尊敬和钦佩。从那以后，他的强硬行为开始改善，对战士原型的理解和表达明显成熟许多。

对原型理解的社会约束不容小觑。生命可能要求我们表现每一种原型，但社会约束可能会严重限制我们对这些需求的回应方式。最后造成的结果是，本能模式往往遭到扭曲或被限制表达，而治疗可以将我们从这些约束中解放出来，从而发展出更令人满意的原型表达形式。

换句话说，和原型合作的目的是将它们代入个案的正念中，避免它们被其他系统盲目滥用。因此，某人可能会感受到凶猛、穿透力和承诺等属于战士品质的典型冲动。但她却可能生活在一个不允许女性拥有这种品质，而男性可以通过地位和暴力来表现这些品质的社会。因此，女性可能会将这些能量转化为对自己的攻击，对自己的责备和压迫，而男人会将这些能量转化为对他人的控制。所以，以原型为治疗手段鼓励我们研究原型的效果，同时发展出更尊重人的理解和行为。

社会对原型的利用常常将它们简化为破坏生命的刻板印象。卡罗尔·皮尔森（Carol Pearson,1989）提出：

我们的许多社会化模式是建立在限制性的刻板印象基础上的，但不能简单地认定它们对我们不好，然后就忽略它们。这些刻板印象是原型经过筛选、改良过的版本，它们从中获得力量。肤浅的刻板印象看起来安全可控，但效率极低。它背后的原型充满了生命和能量。

因此，原型在耗尽能量、失去自主性后，就变成了刻板印象。而当原型与躯体中心和关系场重新联结，就会重新焕发生命的能量。

**4. 个体反映整体：每个原型都有一个进化过程**

除了社会和文化的约束外，人类进化的因素也影响着原型表达的形式。

简·休斯敦（Jean Houston,1980、1987）完美地描绘了个体的心理发展如何重复着该物种的心理发展。这是一个心理学版本的“重演说”。因此，例如战士的原力与其相关的品质，如凶猛、专注、承诺和自卫将贯穿人的一生，但表现形式会随着时间的推移而改变。

休斯顿认为，这种战士能量的发展进程反映出它在人类几个世纪的历史中的发展进程。最初，原型形式并不发达，也不成熟。例如，1岁的孩子的战士表达特别暴躁，可能类似于尼安德特人的战士阶段。当孩子逐渐长大、成熟并得到支持后，她对战士原型的理解和表达会变得更加文明。经过指导的孩子可能会学会以社区服务的方式表现她的战士能量（Fields,1991）。当然，从早期文明到更先进的文明还有很长的路要走(看看我4岁的女儿，她似乎处于匈奴人阿提拉的发展阶段，她在跟小伙伴发脾气，而我们正在努力引导她！）

原型的进化进程并非线性的，创伤或其他压力可能导致退行。在大多数情况下，人可能会表现出一种相对成熟的原型，但随后在出现症状时会表现得并不成熟。例如，一位个案在接受治疗时表现出成熟的情人品质，但在夫妻关系中却极度不自信和贪婪。同样，治疗的一个主要目标是识别症状中隐含的不成熟或无意义的原型，然后用支持技巧将其转化为更成熟、积极的表现。

**5. 每个原型都有完整和不完整的形式**

原型的表达既可能有创造性方面，也可能有破坏性方面，这取决于人与原型的关系。例如，国王 / 王后原型的创造性方面有祝福、找到自己的位置和创建一个包罗万象的世界。破坏性方面有诅咒（“你的存在只是为了服务我”）和压迫。

### 6. 原型的价值取决于人性支持

决定一个原型是否完整的主要因素是它与人性的关联。每当一个原型进入一个人的躯体自我时，它可能被接受或拒绝。也就是说，它可能被人性所触动并带入关系自我，或者遭到忽视或拒绝，只能被置于关系自我之外。(接受或拒绝是基于各种文化、家庭和其他条件因素的影响，并且很大程度上是无意识的。）接受和支持会发展出更积极和成熟的原型形式，而拒绝则会把它变成一种消极、抗拒的形式。因此，原型的意义并不是固定的，而是每时每刻都由关系场中的人性来决定。

例如，魔术师 / 治疗师原型的主要功能是迷惑和转移注意力。这种表达可能是积极的：人可能进入催眠治疗状态（治疗的原型过程）并改变认知。也可能是消极的：此人可能会用她的“魅力”欺骗自己或他人。在这两种情况下，她都在表达魔术师的原型，而区别在于她是在关系自我之内还是之外表达。

在关系自我中表达原型的话，需要祝福和其他形式的支持。重申一下，祝福原本来自人类群体的其他人；然后，随着人的成熟，祝福也可以来自自己。如果原型出现于意识中并受到诅咒，那么就会表现为没有人性价值，比如症状。人们认为原型在审美上很丑陋，功能不正常或不受欢迎，这就是需要治疗的部分。当爱和它的支持能力与原型联系在一起时，原型的形式和功能就会发生改变。任何心理状态与人性的接触都会开始转变的过程。这种转变过程随时可能因积极支持的撤销而中止。

当代社会，把支持和爱带给来自心灵的原型天赋尤其重要。过去，原型是通过讲故事、做梦、艺术、仪式等传统行为引入意识的。在我们这个崇尚物质主义、消费主义和广告宣传的社会中，原型更多的是通过电视和其他媒体被引入。你看看身边看电视的小孩子就能明白，人们更多的是旁观，而不是参与。此外，这些原型是由企业“支持”引入的，它们的目的很明显，就是为了激起人们消费的强烈欲望，而不是为了培养社会感。

在这种情况下，我们很容易看出人性的支持对原型形象价值的重要贡献。在消费主义或原教旨主义的背景下，缺乏爱的支持会导致我们沉迷于幻想、把希望寄托于别人、容易受到情绪操纵、最终因抑郁（“崩溃”）而陷入心灵空虚。我们会习惯于原型，人性会慢慢退化乃至完全消失。关系自我不再存在，最终原型（非人性化）把我们压垮。诸如麦当娜、希特勒、抑郁症个案及边缘型人格障碍个案就是鲜明的例子。

类似原教旨主义和消费主义的消极支持会给人带来抑郁、分裂、投射、绝望和其他形式的割裂。真正的支持意味着认知自我和躯体自我的原型都同样活跃并且一致合作。这就是艺术的意义所在，无论是关系的艺术，治疗的艺术，运动的艺术，还是养育的艺术。因此，自我关系身心治疗法的目的是促进认知自我和（原型）躯体自我之间的和谐、平衡和合作。

**7. 人不应该沦为原型或与原型混淆**

我们必须把人和原型区分开来。如果把人看作一种心理形式或原型，那么就会破坏新鲜、坚实和自由的经验。原型是由心灵给出的模板或资源，它帮人踏上旅程；一个人在接受、命名、持有、理解和表达这些原型时所扮演的角色非常重要。人能否成功地实现原型自我（躯体自我）和支持自我的相互支持，决定了某件事情是问题还是解决方案。

因此，我们应该关注诸如“我的内在小孩”或“我的内在战士”之类的文学化表达。威尔伯（1995）强调，原型可以用前理性或超理性意识来表达。在超理性或后理性情境下，人以一种“好像”的方式包容神话形象，感受它的生命力和信息，但却明白它并不是那个形象。

如果人逐渐陷入对形象的认同，就会出现一种前理性结构的倒退行为。当人无法灵活地在不同的情境中调整心理形式时，就会出现危险。例如，我们宠爱孩子的方式每时每刻都在变化，它的实际形式取决于特定的情境，而不是对爱的某种刻板理解。当人只认同一个原型时，这种刻板尤其明显，因为创造性行为的一个主要特征是与互补能量和事实产生联结。因此，我们希望拥有战士原型的人，带着战士的勇猛、专注和刚强，可以同样拥有情人原型，并同样带着情人的温柔和接纳。这些能量结合在一起形成一种温柔的专注或非暴力的勇猛。因为这些关键整合发生在前理性模式下的可能性要小于后理性模式，所以了解情境间的差异非常重要。

另一种表达这种差异的方式是，在前理性意识中把原型看作一种独特的身份。它支持着你，却没有被你相应支持。这是一个相对毫无疑问的参考框架。在后理性或超理性意识中，原型是一首深沉的诗，是众多让人充满活力和想象的诗中的一首。一种超理性的意识会接受这些不同的能量，然后从人的层面而不是原型的层面行动。

**8. 原型在身份改变时尤其活跃**

在正常时期，认知自我通常在经验中占主导地位，它制订计划、研究细节、保持专注，并通过社会理解来指引我们的认知方向。但在一个身份周期的开始和结束，或者受到创伤或重大失败时，它就不再正常了。正因如此，所以我们需要新的方式来理解和表达自己。正是在这一点上，原型的运作会成为主导。当人无法再通过当前的身份来面对事情时，心灵就会提供给她新的原型。

换句话说，在正常情况下，一个人通常会有好几个有用的参考框架。她以特定的方式来思考自己和周围的世界，她的框架帮助她发展这种身份。当生活中发生了重大事件或到某一个发展阶段时，旧身份就没有用了。她处于两个世界之间，旧的自我失去了功能，新的自我也并不完善。这种时候，认知自我没有任何用处，而躯体自我的原型必须要占据主导地位以允许死亡和重生循环。因此，我们在面临巨变时要接受原型的出现。

**9. 治疗的目的是支持生命赋予我们每个人的天赋**

当原型的运作占主导地位时，人可能会感到害怕，并做出战斗或逃跑的反应：关闭心门、激活防御、被抑郁或焦虑压倒、做无效的反抗等。其中大多数的回应只会使事情变得更糟，随之而来的是一轮又一轮的强迫性重复。撑了一段时间后，个案就不得不寻求心理治疗。

我们面临的最大的问题是，治疗师如何看待和处理这些“失控”的症状。自我关系身心治疗法通过深入倾听、接纳、恰当命名、设置心理界限、技能培养、祝福、鼓励和爱等技巧鼓励个案对症状的支持。我们可以通过将症状看作非整合的原型，来研究如何将问题转化为解决方案。

## 传统原型：情人、战士、魔术师/治疗师和国王/王后

如表7.2所示，这是一个以症状为原型来合作的四步模型。为了了解这种方法的工作原理，我们将使用图7.1所示四种原型的四分法模型：情人、战士、魔术师 / 治疗师和国王 / 王后[1]。可以看出，每一个原型都得加上补充成分来达

1 这个经摩尔和吉利特（Moore 和 Gillette,1990）修改的四分法模型并不全面。例如，卡罗尔·皮尔森（1989）的另一个模型确定了六个主要的原型：孤儿、天真者、流浪者、殉道者、战士和魔术师。虽然可以添加不同的原型，但其主要目标还是以症状作为原型将敌人转变为盟友。

成平衡，并且每一个原型都有一个完整的和不完整的形式。治疗的目标是将不完整的形式转换成完整的形式。

**表7.2　以症状为原型来合作的四步模型**

1. 在症状中识别原型能量的存在。
2. 赞美原型能量的存在。
3. 鼓励个案“做得更多，做得更好”。
4. 发展理解和表达原型能量的新方法。

国王 / 王后原型提供的是祝福和社会位置感，而它的阴暗面则是暴政和诅咒。这是人内心的声音，这个声音要么以最好的方式告诉你，你属于这个世界，你独一无二，你为世界做出贡献；要么证明你没有存在的意义，你无能，你的未来一片黑暗。

大多数人一生中至少能发现一个积极的国王 / 王后原型。对我来说，童年时妈妈、爷爷和几位老师都给予我伟大的祝福。其中最重要的是艾瑞克森，他是我的国王，他给了我祝福，深情地注视我，他让我相信我属于这个精彩的世界。如果没有这样的祝福，我很难在这个世界上有存在感。

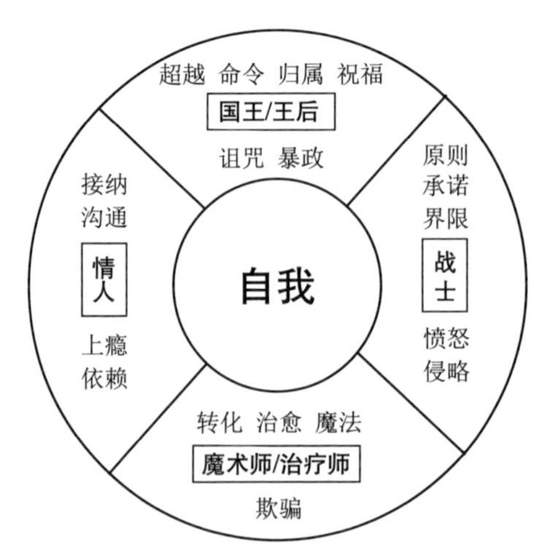


**图7.1　一些经典的传统原型：国王/王后、战士、情人和魔术师/治疗师（Moore & Gillette,1990）**

与此同时，诅咒也随之而至。人际交往中大量充斥着“你毫无价值”“你这蠢货”和“你的存在就是为了伺候我”之类的信息。这些信息牢牢存在于躯体自我和身份中。

情人负责的是激情和交流。如果无法整合或滥用，那么它的阴暗面就是上瘾和依赖。情人的原型吸引你联结、加入或屈服于比你自己更强大的存在。而不以关系自我为基础，并且通过互补的原型达成平衡时，它则表现为对毒品、食物、人或其他伪情人原型上瘾。

战士与界限、勇猛、承诺和服务有关。战士帮你宣告自己的价值、兴趣和自我意识。它们让你在人际关系中保持专注和投入。它们表现攻击力，为人正直，被人倾听，帮助发现谎言，并帮助你得到应有的尊重。如果战士的原型没有经过整合，那么就会表现为愤怒、偏执、批判和侵略。

在我成长的过程中，父亲的每一次酒后暴力都表现出了未整合的战士原型。大概在我十几岁的时候，越南战争承载着令人不安的战士画面。从这些事很容易看出，我最初对战士能量的理解是多么的消极，这也是为什么我曾天天哼着披头士的《All You Need Is Love》给自己打气（还是失败了）。数年后我结婚时，我对战士原型的抵制成了一个大问题。我无法在争吵中找到分歧，害怕暴力，经常沉默数天。因此，我不得不开始了漫长的培养战士原型的过程。

魔术师/治疗师的能量主要是转化（一个身份的死亡和另一个身份的诞生）、施法和治愈。其阴暗面则是欺骗和诡计，以及症状方面的黑暗咒语。一个人通常会在转变身份、创伤或者催眠状态下遇到这种能量。魔术师了解黑暗世界矛盾的、象征的和故事性的语言。艾瑞克森就是魔术师原型的绝佳例子，到成年之前，他一直有脊髓灰质炎（这是传统文化中治疗师的经典标志），经常穿着紫色的外套，爱讲故事，说着催眠式的语言。所以，每一个优秀的心理治疗师都有着独一无二的魔术师 / 治疗师原型。

在魔术师 / 治疗师的黑暗形态中，它会欺骗自己和他人：它撒谎、见风使舵、不专心、引诱，毫无下限。普通的治疗，尤其是催眠，极易受到它的影响。治疗师和个案可能会认为一切都在改变（例如通过一次完美的催眠），而事实上，个案没有任何改变。因此，魔术师必须始终与战士的清醒和情人的温柔，以及国王 / 王后感知魔法位置的能量达成平衡。

重要的是这些原型中没有一个是你。荣格（1919/1971）反复强调，最重要的原型就是自己，它一直努力地在这个世界中觉醒。当自我被感觉到时，不同的原型就会整合在一起，表达出独一无二的你。你要继续将爱的力量融入你的生命中。你发展出设定界限、宣扬价值、做出承诺、识别谎言和为正直而战的战士原型。你学会魔术师的说服、施法、重塑、讲故事和引导转变技巧。你造就了内在里国王 / 王后的亲密，给自己和他人带来祝福，你会感觉到每个人格或模式都在整体秩序中占有一席之地。

当这些原型能量在关系自我中没有联结时，它们会继续挑战你。你被困在它们的黑暗形态中：上瘾和焦虑，自我诋毁，愤怒和打破界限，以及症状性的阴暗状态。根据这些原型进行思考可以帮助治疗师理解，（特别是）当个案陷入这些黑暗形态时，他们到底是如何深陷到一些重要原型中的。治疗师可以通过感知这些来支持个案认领它，并以更多的多样性、责任感和完整性把它表达出来。

为了做到这一点，我使用传统称之为“倾听问题”的方法。这些问题更多的是由躯体自我，而不是认知自我来回答。治疗师不会去从心智层面上理解，相反，她是在以一种安静、专注和集中的方式倾听个案。别去寻找答案，让答案自己出现。诗人安东尼奥 · 马查多（1983）云：

跟人聊天时，先问，再听。（P.143）

表7.3给出了四种传统原型的倾听问题。治疗师在反思这些问题时所表现的回应并非事实，而是关于症状如何被视为解决方案的线索。讲述的有效性完全取决于个案的反应。如果治疗师的反应唤醒了躯体自我中更深层次的经验——恍惚、情绪、混乱——那它就是守护者。如果没有，那就放手，回到中心，倾听，然后再试一次。一旦发展出一个原型，更深一步的谈话就会把个案带入到该经验的层次，然后把原型的消极形式转变成积极的、更有帮助的形式。

**表7.3　情人原型的倾听问题方式**

| **情人** | **战士** |
|---|---|
| 1. 这个人爱谁？<br>2. 这个人不爱谁？<br>3. 当这个人和内在情人产生联结，将会是什么样子？ | 1. 这个人在为一些重要的事情而战——到底是什么事？<br>2. 哪部分需要更多的界限？<br>3. 当这个人与内在战士产生联结，将会是什么样子？ |
| **魔术师 / 治疗师** | **国王 / 王后** |
| 1. 身份发生了什么重大转变？什么身份正在死亡，什么身份正在诞生？<br>2. 未被关注的伤口在哪儿呢？<br>3. 当这个人与魔术师产生联结，将会是什么样子？ | 1. 这个人的社会位置如何？（即他哪里以及如何与众不同？）<br>2. 这个人需要什么样的祝福？<br>3. 当这个人关联到内在国王 / 王后时，将会是什么样子？ |

为了做到这一点，治疗师传达了三个基本想法：

1. 你可担大事；(恭维）

2. 你可以做得更多、更好；(扩展）

3. 继续努力，你会学到更多东西。(提供可能性 / 开放性的想象力）

这些想法的另一种说法是：

1. 人的内心正在觉醒；

2. 关注这个觉醒过程；

3. 这种关注会减少痛苦，增加幸福感。

例如，我们可能认为某个男性暴力犯在充满黑暗和破坏性的战士原型中花费了大量时间。治疗师邀请个案发展出艾伦·詹金斯（Alan Jenkins,1990）所称“职责的召唤”，它鼓励此人去认识和扩展内在战士的形象（一开始我们可能会认为它们的形象是愤怒的父亲或类似兰博的反社会者）。例如，我们可以这么说：

归根结底，没有任何人能让你改变。你和战士能量的联结太深了。我们对此无能为力。我唯一的问题是，到底什么东西值得你为之而战？我不知道你为什么要把时间浪费在这些东西上，你内心深处充满了战士的能量。到底什么值得你为之而战？

当更负责任的、更完整的战士能量被联结时，就可以与国王（负责指挥战士）和情人（软化和平衡战士）的能量混合。同样，此人不属于其中任何一个原型，所以你会直接与他交谈，并鼓励他以负责和自我联结的方式“出现”。

另一个例子是有自杀念头的人。我们认为个案可能卷入了魔术师的死亡和重生循环。诸如“我厌倦了这种生活”之类的想法会暗示个案她身份中一些无用且虚假的自我正在死去。当然，这种情况非常危险，因为人们（和文化）通常将这种想法解释为身体上的自杀，而不是心理上的死亡。我们面临的挑战在于开发一个用于仪式的空间，在其中阻止个案的身体行动，同时为深层想法中的死亡和重生腾出空间。我们可以这么说，

你的内在深处呼唤着死亡。我听到了，我相信那个声音……我认为它说

得很对……你内在确实需要有一些东西死去。

当这番话以一种敏感的方式传递时，信息会融合进躯体自我，让自杀者放松。因为通常情况下，这是第一次有人对自杀者的自杀倾向表示认可，并确定这件事对自我发展很重要。进一步的对话寻求发展某些方式，让这种内在的声音在自我肯定但又困难重重的精神死亡过程中提供帮助。因为魔术师的能量尤其与改变的状态有关，所以这个对话的共同特征就是仪式和催眠。

与任何治疗过程一样，治疗师在每一步都要确保安全，并且保持躯体自我的经验吸收。个案的内在反应会影响行为，但治疗师要负责创造一个含有新的意义和可能性的治疗情境。当然，在与原型合作时还要使用其他的疗法。治疗的目的不是发展原型，而是要帮助个案活得更自在、更满意。

在与原型合作时，我们会看到它们表现出了关系自我的互补性。情人的服从和交流与战士的能动性相融合，形成了关系自我的“交流中的能动性”。魔术师 / 治疗师的自我转化和国王 / 王后的自我超越构成了另一种自我关系。威尔伯（1995）说过，这些属性——能动性、交流、消散和超越是所有智慧的核心。没有一个是更优越的，一切都是必要的。因此，人要努力找到自己的中心以便于觉察和整合这些不同能量间不断变化的平衡。

问题在于我们从哪里开始入手，并且如何融入其他的原型能量。我经常从隐藏的原型开始，然后加入表象或呈现模式。例如，一个个案抱怨他“依赖性特别强”，那么在这种情况下，未整合的情人原型就会呈现，这意味着与其互补的战士能量被隐藏了。对治疗师来说，会有帮助，与个案坐在一起，直到能够深刻地感觉到个案身上的战士能量有多么强大（尽管是扭曲的）。例如，治疗师可能会发现个案为了他人的承诺而在极度困难又没有外界支持的情况下进行激烈的斗争。当治疗师感觉到这一点时，可以称赞个案的战士能量。个案一开始可能会感到疑惑，因为她通常不会这样想自己，但治疗师却相当认真。当隐藏的原型受到了夸奖和表达时，个案往往会非常专注。接下来提出战士能量如何在生命中得到有效利用的问题，然后逐渐代入战士 / 情人能量的整合。这样可以帮助个案激活不同原型的互补平衡，并且将它们与自爱和令人满足的表达相关联。

## 优秀治疗师承载着每一种原型的能量

目前为止，我们已经对个案如何对经验中的原型能量进行感知和发展进行了研究。当然，对治疗师也是如此。治疗师需要充满情人的接纳、共情和交流，战士的勇猛、专注、分辨谎言、挑战，魔术师 / 治疗师的同化、魔力、注意力转移和重塑以及国王 / 王后的祝福。

不同的治疗师可能擅长其中一种或多种原型技能和能量。卡尔 · 罗杰斯（Carl Rogers）属于情人的原型，无论个案如何表现，他都会予以接纳和沟通。阿尔伯特 · 埃利斯（Albert Ellis）是战士的典型例子，他勇于直面和挑战任何个案。艾瑞克森和卡尔 · 惠特克（Carl Whitaker）则是魔术师 / 治疗师，他们在潜意识里的底层世界交流和生活。维吉尼亚 · 萨提亚（Virginia Satir）是一位王后，她把人格的祝福赐给所遇到的一切。

当然，优秀的治疗师在某种程度上承载着每一种能量。我的导师艾瑞克森非常温柔慈爱，有着强烈的专注力和挑战性，很有人格魅力，他的祝福带着非凡的王者风范。这些能量相互交织，造就了一位优秀的治疗师。我记得有一次，我在他办公室里坐着，来了一位50多岁的女性个案。她让我想起了琼·克里弗（June Cleaver），就是那个在电视剧《反斗小宝贝》（*Leave it to Beaver*）中留短发戴着珍珠项链的母亲。她的笑容特别夸张，声音也极尽逢迎。她给艾瑞克森带来了一份包装极为精美的礼物并且把它放到了桌子上，同时对艾瑞克森所做的一切表示深深的谢意。我见过他之前接受过其他个案和学生的小礼物，所以我迫不及待地等着他打开看看里面是什么好东西。

令我惊讶的是，艾瑞克森把礼物推了回去，他认真地看着这位个案，说道："我不会接受的。"

那女人的笑容越来越夸张，坚持道："但你必须接受，艾瑞克森治疗师。"

艾瑞克森又把礼物推了回去，再次说道："我不会接受的。"

她再次推了过去，笑容更夸张了："治疗师，收下吧。"

"我不收。"

"一定要收下。"

"不收。"

说完，他把礼物放到她的膝盖上，她低头看了看。这时他问了一系列的问题，同时从战士模式转化为魔术师—战士模式，他问她有没有做过各种各样的美食，比如希腊菜、埃塞俄比亚菜、泰国菜等。每当她说没有时，他都兴高采烈地炫耀他的女儿贝蒂·爱丽丝（Betty Alice）厨艺高超，很会烹饪各地的美食。最后，她泪流满面，低下头来。然后艾瑞克森进入情人—魔术师模式，轻轻地问她最喜欢哪一部漫画。她疑惑地抬起头来，退缩的思路被打断了。他问她有没有看过星期日报纸上的《花生》连载漫画（主角是史努比），然后他们开始交谈。

我花了几年时间才搞清楚其中的玄机。原来这位女士出现了"微笑抑郁"

的症状，她的礼物就像特洛伊木马一样违背了治疗的界限。艾瑞克森以战士的界限承诺作为回应，然后转向魔术师的模式中断，最后转向情人—魔术师的舒缓治疗。

在我看来，艾瑞克森在不同模式之间自如转换的能力是他最伟大的能力之一。我们每一位治疗师都应该以自己的方式培养出相似的能力。在这方面，原型的区别非常重要。

在治疗师培训小组中，我们通过二元练习来检验这些区别。用一个单一的治疗理念——例如“你有一个内在的自我”——来交流。通过团体诱导，每个人都要进入内在、回归中心，并在姿势、图像和感觉方面进入某一原型模式。然后要求组员之间在睁开眼睛并且与对方建立非言语联结时保持与原型联结。每个人都要花5分钟的时间与原型模式发出的想法交流，特别是在接触、节奏和音调方面。

5分钟后，要求组员重新进入中心，然后感知他们与原型的关系——优势、劣势、开放、恐惧、理解和误解。如果发现了任何一种他们希望进一步研究和发展的领域，那么他们就会将注意力转向下一个原型，并如此往复。当四个原型都过了一遍之后，组员们确认下眼神，把自己感觉成原型的中心。让他们想象情人在左边，战士在右边，魔术师 / 治疗师在下面，国王 / 王后在上面。然后去感受每一个原型的独特能量，这种能量在他们躯体中心流淌并交织在一起。值得注意的是，虽然原型很强大，但人才是最重要的。当他们感觉到每一个原型都是一种独特的资源来引导和帮助他们时，那么他们在交流时也能感觉到自己（“你真的有一个内在自我”）。

这项练习对不同能量及它们如何赋予同一信息不同的意义做出了完美的解释。它还指出了治疗师在不同的时间该如何利用每一个原型。当治疗师在治疗过程中遇到困难时，该方法极为有用。在这种情况下，治疗师可以问自己使用的是哪种模式，然后探索在与个案沟通时使用不同的模式会是什么样子。

例如，假设有一个你特别害怕的个案。某天，你看着日程表，发现这个个案会在上午11点来，你会感觉自己特别紧张，恨不得赶紧找个理由逃跑。或者担心又要面对这个个案，或者批评自己为什么对个案毫无价值。这些反应表明，此时此刻无论你在做什么，也许你应该尝试一些别的。

在原型的引导下，你可以问问自己处于哪种模式。你可曾试过通过接纳和共情来帮助个案，却发现自己不知所措，在治疗过程中丢失了界限？你有没有因为个案不接受你的建议而发脾气、挑剔、暴躁、心烦意乱？你是打算欺骗、改造、催眠或是操纵个案？

无论情况如何，首先要花点时间放松并且集中注意力，把每个原型模式都过一遍。进入情人模式时，问问个案经验中有哪些需要接受和共情的部分，并感受一下与她的交流是什么样子。进入战士模式时，要感受她需要何种的冷静和专注。千万不要尝试改变：只需要简单地维持住界限就可以，同时不要过于受到言语的影响（战士不会太在意言语：她会耐心地观察和等待）。当你在魔术师模式中倾听时，要去感受个案没有被适当命名的东西是什么，黑暗世界的诱惑在哪儿，没人在意的伤痛在哪儿，这个人的无意识正打算告诉你，症状是多么“可怕（但美丽）的礼物”。进入国王/王后模式时，感受你是如何没有给她的某部分赐予祝福的。

通过在每种模式间的轮换，你会发现你忽略的经验的各个方面，并发现可能存在更有帮助的沟通方式。通过这种方式，原型会提高你在倾听、联结和有效沟通方面的能力。

## 小结

原型是人类经过许多代人的发展而形成的心理模式。它们代表了我们每个人在成为自己的旅程中所面临的挑战和技巧。每种原型都有许多种形式，同时受到个人、发展和社会 / 文化的影响。因此，原型可能会支持或者压迫人的经验、生命力和表现力。治疗在某种程度上属于一种关于如何将压迫模式转化为支持模式的研究。当我们感知并使用贯穿个案和治疗师的原型过程时，心理治疗就容易多了。

# 第八章

# 自我关系身心治疗法的仪式

冥想和仪式为许多来自不同文化的人们开辟了一条联结人类和未知世界的道路。保护者则守卫着通往未知世界的大门，他们考验着我们的决心、心灵的敏锐、对未知的友好。我们会在个人经验和集体仪式——也就是“初始”经验中遇到保护者，他们会打碎我们冷漠的外壳。

“初始”一词在这里的意思是“事物被击打得粉碎的地方。”……（仪式）是“初始”将苦难和不幸转变为美好和快乐——也就是将对手转变为保护者的最好例子之一。

——琼·哈利法克斯（Joan Halifax），《富饶的黑暗》（*The fruitful darkness*）

自我关系身心治疗法强调生命如何通过每个人的中心流动，收集心灵的原型经验以促进人成长和发展为成熟的个体。它同样也强调成熟的爱的技巧，因此，对原型经验的支持对于发现和培养其人性意义至关重要。我们已经知道了原型经验在人的身份发生变化时尤其占主导地位，而仪式空间及其运作方法在身份变化时也相当重要。

对我来说，这一点在五年前我父亲去世时尤为明显。有一天下午，他在看书的时候突发心脏病，抢救无效去世了。几个小时后我听到这个消息，眼泪立刻喷涌而出，汹涌而至的感情和脑海中的回忆把我带到了遥远的天边，所有曾经的情感、影像、记忆和对话立刻浮现了出来。

幸运的是，这趟旅程是在一个特殊的背景下进行的。整整三天，家人和朋友们聚集在一起，举行仪式，向我父亲致敬，向他道别。围绕着父亲的遗体举行了各种仪式，人们在守灵仪式上发表感人的悼词、举行葬礼弥撒、埋葬。

回想起来，这个过程是一次心灵深处的对话，一次在我（可能还有其他人）内心产生了重要的新自我身份的对话。沉浸于多层次、多方位、多模式的对话中的我，同时受到朋友的支持和仪式结构的鼓舞，我发现自己告别了旧的身份，迎来了全新自我的诞生。

这种危机在我们每个人的生活中都是不可避免的，它触及我们基本身份的核心，并且创造新的身份。这种危机可能是在计划或预期之内的——出生、婚姻、退休或毕业，或者是突发的——如强奸、失子、暴力侵犯或重大疾病。不管怎样，它们都会以重要的方式重新定义我们的世界。如果我们成功跨过这些挑战，就会变得更强大、更自信，也许还会更智慧一些。如果我们失败了，可能就会陷入绝望的孤岛，终身背负着沮丧、内疚、恐惧还有耻辱。这样的苦果会导致怪异和不受欢迎的行为，例如从通过食物、毒品或性自虐到放大弱点、失败和自我怀疑。我们会极尽所能地贬低自己，让自己陷入绝望之中。

当个体陷入这些挣扎时，他们会寄希望于治疗师。当然，我们的任务就是帮助他们摆脱困境。我们的文明史上有很多此类行为，因为这些问题早在现代心理学出现之前就已经存在（并且已经解决）。本章主要研究应用于心理治疗的仪式。首先概述了有关仪式的一些基本区别。然后建立一个使用仪式的四步模型。这个模型包括四个方面：（1）把仪式作为解决方案；（2）计划仪式；（3）举行仪式；（4）仪式后活动。我们以案例来分别予以解释。

## 仪式帮助我们重新创造或转换身份

仪式也许是最古老的心理治疗形式[1]。几乎每一种文明都为主要的社会心理功能发展出仪式。过渡性仪式有洗礼、婚礼、葬礼等，主要用作从人生的一个阶段过渡到另一个阶段的桥梁——用于出生、毕业、晋升、成年仪式、结婚、退休、死亡等场合。连续性仪式，如周年纪念日和庆典日，用于肯定和更新当前社会系统的价值观和认同感；治疗性仪式用于治愈心理创伤及重新融入社会；赎罪性仪式用于道歉和弥补过失。

在目前的观点中，仪式是一种用来重新创造或转换身份的强烈的经验性原型结构。强烈指的是参与者高度同化，并排除所有异己。经验性指的是该过程不需要认知自我的分析，而是需要让参与者深深地沉浸在躯体自我经历中，如身体感受、内心意象和自动的（自发）过程。原型的思想、情感和行为代表着集体和传承（例如，棺材上的国旗代表死者对国家的贡献；结婚戒指代表着神圣的婚姻。）最后，仪式的意义也存在于更深层次的身份认同中：它们用深层文化语言来肯定或改变人在社会群体中的地位。换句话说，它们构成了个体与社会群体、认知自我与躯体自我之间的元对话。

---

1 我对仪式的理解来源于许多学者，特别是范德哈特（van der Hartford,1983）和特纳（Turner,1969）。另外还有坎贝尔（Camepbell,1984）、海利（Haley,1984）、因伯·布莱克（Imber Black）、罗伯茨（Roberts）、惠廷（Whiting,1989）、马丹斯（Madanes,1991），以及普拉佐利（Palazzoli）、博斯克洛（Boscolo）、切金（Cecchin）和普拉塔（Prata,1978）。对我影响最大的是艾瑞克森（1980a,d）和他对在社会认知背景下与“无意识”合作的研究。

像所有的原型一样，仪式的概念已经远远超出了礼仪和行为的范畴。只有当参与者完全沉浸在古老的非理性躯体语言中，礼仪才可以称之为仪式；在此之前，它只是一个传统的习惯性行为，几乎没有任何治疗方面的价值（例如，作为一个在爱尔兰天主教家庭长大的孩子，即使这五十年来，全家每晚都要跪着念圣经，但并不意味着我所进入的是治疗的仪式空间！）。

类似的特征会把仪式与行为区分开。仪式是一种预先设定好的行为程序，因此在其举行过程中几乎不需要认知参与决策。正因为禁止了认知自我的参与（如自我对话或评价），所以整个系统的任何部分都不会被分解成“外部观察者”的角色。这使得系统的整体属性得以表达（Bateson,1987）。仪式空间通常有特定的符号：地点、穿着、言语、行为以及器物，这些都带有特殊的象征意义。前仪式阶段和后仪式阶段被用于引导进入和退出仪式。同时，当事人还要做出具有约束力的承诺以提高仪式的戏剧性和重要性。

仪式通常同时且同等地发生在私人和公共空间中。个案的内心世界会被放大和重新组合，就像进入催眠状态一般（Gilligan,1987）。同时，社会群体中的重要他人也会执行并见证某些外部行为，这些行为意味着关系发生了重要变化。内部关系和外部关系的同时变化使得仪式具有强大的影响力，并且有心理疗愈的效果。

事实上，正是仪式的这一特点引起了我的兴趣。我曾多次与遭受过性暴力的个案打过交道。事实证明催眠（在引导之下“进入内在”，放松、往事浮现，“更深入”）明显使其中一些人感到不安，尤其是催眠与创伤事件的相似之处。认知型谈话似乎也不合适，特别是它无法处理许多过程的强烈情绪和问题的分裂特性。由此便产生了这样一个问题：有什么办法可以在帮助个案恢复与自我和社会群体的联系的同时，又能为其带来对话的空间？那么，答案就是仪式。

当然，并不是所有的仪式都有治疗效果。事实上，治疗对象呈现的许多症状可能是功能障碍型仪式的表现，在这些仪式中，个体重新创造了一种以自我虐待和孤独无助为特征的消极自我认同。佐亚（Zoja,1989）清晰地描述了仪式是如何导致毒瘾的。此外，性暴力也可以看作一种破坏心理和生理界限的创伤仪式。我们在前面的章节中提到过它如何自动、即时地触发“归属中断”，从而产生一种以时间扭曲、躯体分离、退化、健忘症等现象为特征的消极游离状态（Gilligan,1988）。这种游离状态可以几乎无限期地持续下去（数年甚至数代人），从而导致个案与外界的“关系中断”，并错误地认定自我就是创伤事件。这种错误理解包括了精神错乱的妄想，例如“我的身体会被虐待”“我没有界限”“我没有需求。”这些外部干扰会引发进一步的自我虐待行为（包括利用食物、毒品、人际关系等方式）。

这种方法的一个主要特点是，交流主要是在身份层面上进行的。也就是说，他们定义的是自我本身，而不是行为本身。当交流的重点集中在身份时，仪式和相应的意识变化就会发挥作用。

从仪式的角度来看，我们可以用治疗来干预创伤过程。遵循艾瑞克森的利用原则（Rossi,1980a,d），产生问题的模式可以被当作解决方案的模式。也就是说，如果个案的问题可以用一个反复出现的仪式来形容，那么另一个仪式也可以作为解决问题的方法。本章的其余部分将会讲述如何通过四步法来做到这一点。

## 仪式治疗法的四个步骤

如表8.1所示，四步法的整个疗程通常需要4～6周，个人、夫妻、家庭或团体都可以使用该方法。它假设某些长期存在的、表现在躯体上的轻症可能会被描述为由侵入性创伤产生的消极自我认同的症状。仪式凭借旧有经验来激活和外化“身份事件”的语言、视觉和运动符号，这样的话，个案就可以进行仪式，抛弃“旧身份”，接受新身份。

**表8.1　仪式治疗法的四个步骤**

1. 推荐用仪式治疗法解决问题。
2. 计划仪式。
3. 举行仪式。
4. 重新将自我融入社会群体。

该模型进一步假设，涉及“身份转换”的对话不能主要发生在认知自我中，因为认知自我通常会保存一个人的现有参考框架。因此，治疗师会使用催眠或类似的方式来发展一种使用躯体自我的经验原型语言的对话。（传统仪式通常都会使用古老语言，如宗教仪式，戏剧或政治集会。）艾瑞克森开创了围绕个案价值观、个人风格和资源，以合作关系为特色的现代医疗催眠（Gilligan,1987）。

**表8.2　推荐用仪式治疗法解决问题**

1. 发现重复性症状、慢性躯体症状、低认知度理解、非理性表达。
2. 发现症状中潜在的情绪创伤或发展性挑战。
3. 积极地将症状描述为发展或治疗过程中未完成的尝试。
4. 激发出充分的合作意识和动机来执行仪式。

**第一步：用仪式术语来描述心理症状**

第一步见表8.2。治疗师首先引出个案希望改变的症状。这应该包括一个特定的行为顺序和该顺序中发生的任何内在经历。例如，约瑟夫（Joseph）是一位32岁的计算机科学家，他迫切想要从“无法控制地扮鬼脸”中解脱出来，尤其是在上司在场时，他经常无法控制自己。有一次，约瑟夫将要在一个内部会议上报告他的研究成果，报告开始后，他的脸不由自主地收缩成一团，极度的焦虑和不安将他包围。这对他的报告造成了严重影响，以至于他的研究项目得不到支持，工作进展迟缓。约瑟夫发现每次这种情况发生时，他都会陷入抑郁的阴霾，而且他家里的许多人都有过抑郁的经历。

约瑟夫在家里三个男孩中排行老二。他说他的父亲是一个“杰出的发明家”，对儿子们却“极其残忍”。约瑟夫目前与家人几乎没有联系（他们住在3000英里外），并希望不受家人影响，开启新生活。他特别要求用催眠治疗来缓解面部表情的症状。

面部表情失控有几个特征使我们想起了使用仪式干预。具体来说，（a）长期存在；（b）发生在躯体；（c）无法用理性和认知分析。催眠和仪式极为相似，以上几项也是催眠的特征。换句话说，这种症状可以被看作个案自发的“消极催眠”，是某种创伤经验的仪式化表现。

当然，并不是所有的症状都能通过仪式解决。许多症状可以有更简单、更省时的治疗办法（事实上，我通常会先使用别的方法，最后才会考虑仪式治疗法。）为了确定仪式是不是合适，我们下一步要研究症状是否与某种情绪创伤或成长过程中的发展性挑战有关。对于约瑟夫的问题，我首先从表面入手——也就是说，这仅仅是一种可以通过简单的催眠治疗加以改正的不良行为。因此，我使用普通的手指信号引导约瑟夫进入催眠状态（Gilligan,1987

年）。起初，他似乎进入了一种舒服的迷幻状态，但突然间，意想不到的事情发生了，约瑟夫很快就陷入了一种极度的不安。他的身体和呼吸都僵住了，脸色苍白，五官挤作一团。他对我的引导完全没有任何反应，似乎在经历一场无法摆脱的噩梦。而我引导他回到现实的指令也都没有得到任何回应，所以我试着进入他的催眠状态中，用柔和的语气说：

约瑟夫，我不知道你在哪儿。约瑟夫，我不知道你为什么要去那儿……但我知道你和我在一起……我知道你能听到我的声音，能听我说话。约瑟夫，我不知道你要走多远……我不知道你是不是要走得更远才能安心地听我说话……但我知道你可以听到我的声音，我也知道你能以一种恰当又对你有帮助的方式回应我。

通过这段对话，我与约瑟夫建立了联结。在接下来的10分钟里，我握着他的手，利用手指信号与他的潜意识进行交流。

渐渐地，他重新醒转过来，但一睁开眼睛，他又吓得目瞪口呆，显然是“看见”了眼前的某个人或某物。凭直觉，我问他看到的是不是他的父亲，他点了点头。我握住他的手，鼓励他调整呼吸，轻轻地引导他扩大注意力的范围，看到我在他的右边，让他想象另一个朋友在他的左边。他从我们这里获得了勇气，冲着他的“父亲”大喊“滚开”。于是可怕的画面消失了，约瑟夫突然哭了起来。

为了让他适应现实世界，我陪他在办公室溜达了一会儿，他缓了过来。我们坐下来，我用温和幽默的语气问他对刚才的“标准催眠体验”有什么感想，以此来放松气氛。我们笑了笑，然后把这种氛围带入到严肃但更紧密的关系中。我认为，也许他的潜意识已经决定是时候对某些关系说再见了，这可能就是他的症状反复发作的真正原因。他看起来很感兴趣，所以我继续用手指信号将他催眠，然后询问他的潜意识：(a) 他面部表情的症状是否与他父亲有关？(b) 刚才的解离状态是否与他父亲有关？(c) 是不是该向那段家暴关系说再见了？

对以上问题，以及在问到某些特殊的记忆片段时，他的手指都给出了“是”的信号。原来，这个记忆中的事发生在约瑟夫6岁的时候。他在圣诞节早上收到了一辆玩具火车。那天，当他和哥哥弟弟们在地下室玩火车时，约瑟夫不知怎么把火车弄坏了，火车的小滚珠轴承散落在地下室的地板上。他的哥哥跑去跟父亲告状，父亲愤怒地走进地下室，对约瑟夫进行了残忍的殴打。可怜的男孩在地下室里待了一整天，到处寻找最后一个滚珠，而他的父亲却时不时地回来打他。

这个事件代表了在他暴虐父亲影响下的“被忽视的自我”(如同催眠和任何形式的艺术一样，在仪式中，重要的是处理具体的符号，即具体的故事，而不是身份)。事件并不是当前问题的初始或唯一“原因”，而是一种关系的表现，个案的身份就是围绕着这个关系建立起来的。诸如“受伤的孩子”或“自卑”等常规表达似乎不能为仪式行为提供必要的经验基础。

约瑟夫对他的潜意识产生的反应印象深刻。他表示想做点什么来改变他对这段记忆的态度，并且问我该怎么做。我向他介绍了仪式治疗法，并指出有时候可怕的侵入性经验会导致人们对属于他人的声音、意象和行为产生自我认同。这种自我错误认同会导致各种无法控制的行为，比如约瑟夫的鬼脸和抑郁。在治疗仪式中，我们首先(通过书信、绘画或其他体验过程)将这些不属于自己的声音、意象和身体感受外在化，然后计划和举行仪式，以便一劳永逸地告别外部干扰，迎接自己的声音、影像和感受。我们举几个简单的例子来说明治疗师和个案如何共同来建立仪式，治疗师负责搭起仪式的架构，个案负责添加具体内容，然后做决定、实施仪式。

另外还要注意，因为个案在这个过程中需要全身心地投入进去，所以我们必须得保证举行仪式的时机要合适。我要求约瑟夫下周再决定是否进行仪式治疗。一周后，约瑟夫如约前来，并坚决要求进行仪式治疗（如果个案意志不坚决，那么就应该放弃仪式疗法，寻找其他治疗措施）。

上述案例表明了将症状与情绪创伤或发展挑战联系起来的重要性，症状是未完成或不成功的试图改变与事情或挑战相关的身份的尝试，所以可以用治疗仪式作为一种有效的手段来改变身份和消除症状。仪式成功与否取决于个案的充分动机和全身心投入。

这个案例同时也说明了症状与创伤在经验层面的联结。认为症状 X 与事件 Y 有关的智力假设是完全不充分的，因为这会使治疗性对话停留于认知层面（再次重申，对于那些仅凭认知理解不起作用的个案，仪式可能尤其有效果）。就像症状和催眠现象一样（Gilligan,1988），仪式的语言更多地与躯体自我密切相关。因此，治疗师应该利用这种语言来引导仪式。

当然，我们还可以用其他方法来询问个案过往经验。对于某些个案，我建议他们使用一种轻微的“回归中心”催眠，思考“这种（症状性）经验与什么有关”，然后用蜡笔或画笔在纸上画出“潜意识”表达出的反应。这个方法可以与治疗师一起在诊疗室进行，也可以由个案单独在家进行。针对后一种情况，治疗师应确保个案有足够的资源提供支持，例如，有朋友或某些象征（Dolan,1991）在旁边，以便在回忆创伤经验时能保持专注。

另一种方法是利用催眠探索法，例如，诱导个案进入催眠状态，然后对事件进行“搜索”，或者用意念来询问其过往经历（Gilligan,1987；Lanktonla&Lankton,1983）。无论采用哪种方法，治疗师都会将失控的慢性症状界定为一种可以通过仪式转化的“身份事件”。

**第二步：计划仪式**

第二步通常需要3~6个星期。如表8.3所示，首先分别发展出代表新旧自我身份的象征物，接下来策划从旧自我过渡到新自我的仪式。要花一定时间和精力来确保全程都是由个案的躯体自我（“无意识”）而不是认知自我所产生、引导和认可的。

**表8.3　仪式规划**

1. 促使个案发展出代表旧身份的象征物。
2. 促使个案发展出代表新身份的象征物。
3. 确定仪式过程（焚烧、埋葬、声明等）。
4. 制订仪式细节（地点、人物、时间、行为）。
5. 促使个案在感情上/精神上为仪式做好准备。

计划的前两部分通常同时进行。首先，个案用过往经验来激活内化的口头对话并表现出来。此步可以通过写信来完成。以约瑟夫为例，我建议他每天花40分钟写两封信（他曾在催眠中用手指表示同意）。按照仪式的固定要求，我们确定了一天中的特定时间（晚上8点）和地点（他的书房）来写这些信。经过短暂的回归中心过程，他先花20分钟给与“旧自我”火车事件相关的人写第一封信。每一天主角都不同，有6岁的约瑟夫、他的兄弟、他的父亲和母亲。这封信里讲述了事情发生的过程、他当时的感受、对他后来自我的影响，以及他现在想干什么。第二封信（也是用20分钟写的）是写给“未来自我”的，信中详细描写了他对生活的热爱及行为的改变（有时候，当事人会发现以未来自我的身份给现在的自我或幼年的自我写封信会大有疗效）。

在实施计划之前，可以用催眠提问来确保个案已经做好准备并拥有足够的资源。通常，我们要做些调整。例如，个案写信时最好有另一个人或者其他能给个案提供资源的“东西”在场（Dolan,1991）。同时，要根据情况来使用催眠提问，以确定是否还需要多写几封信。治疗师要阅读这些信件以确保个案的状态始终正常(例如，我曾终止过一位个案的仪式，因为他以极为恶劣刻薄的方式给年轻的自己写信，我感觉对他来说，举行治疗仪式还为时过早)。这些“检查”显示了治疗师和个案之间的持续合作是如何塑造和修改仪式计划的。

下一个是对意象的表达。跟写信一样，我建议个案每天花40分钟（一周左右）用画画（彩色的）、素描、拼图或者其他视觉展示方式来先表达出“旧自我”事件，然后再表达“新自我”。在这一步，最好能鼓励那些担心自己没有艺术天赋（“我不会画画”）的个案，不管画得怎么样，无论是真实的描绘还是强烈的色彩，只管画便是。鼓励他们在面对以下问题时表达出自己的内心：“创伤事件是什么样的，或者感觉像什么？”（第一张图）和“症状（或问题）解决后是什么样的，或者感觉像什么？”同样，我们采取如下步骤进行检查：(a) 过程是否合适；(b) 步骤是否充足；(c) 当事人是否有情绪联结且专注：(d) 该步骤完成后是否还需要进一步治疗。

下一周，要求个案选择代表新旧自我的象征物。自我催眠、冥想和好奇心都可以派上用场。个案可以根据自己喜好选择，并且不需要在理性层面上理解或解释为什么这样选。比如，“旧自我”的象征物，诸如一位丧女的女士选了她缝制的婴儿衣服，另一位女士选了曾性虐待过她的叔叔的照片，约瑟夫则买了一个玩具火车（跟当年的小火车差不多)。“新自我”的象征物，诸如丧女的女士买了一个日式盆景，遭受过性虐待的女士选了非洲盾牌和长矛，约瑟夫的则是一枚戒指。同样，治疗师需要确保这些选择都是合适的。

现在，个案已经有了新旧自我的象征物。下一步就是告别旧自我和欢迎新自我的仪式。治疗师可以给出“选项”——例如焚烧或掩埋“旧自我”象征物，然后鼓励个案做出自己的选择。在催眠的帮助下，约瑟夫设计了一种仪式行为：（a）把玩具火车的滚珠轴承倒在火车铁轨上；（b）穿过轨道到“另一边”宣布他的新自我诞生。他在催眠中做的手指动作表示认可这些行为。

下一个环节是计划仪式的地点、时间、流程及参与者等细节。各方面都要仔细考虑到，并且所有关键因素都应该得到当事人的认可。我和约瑟夫的计划是：我俩带着火车，连同信件和画一起去离我办公室一英里左右的火车轨道上。仪式的“道别”部分包括大声朗读给“旧自我”的信并展示画，然后将玩具火车的轴承滚珠撒在铁轨上，以此宣告他放弃了“旧自我”。然后他会穿过铁轨到另一边，仪式性宣告新自我的诞生。

另外，参与者也很重要，因为仪式发生在两个世界的交点：公共空间和私人空间，或内在和外在。进行仪式的当事人不仅是在重建自己的内心世界，而且还在向他人宣告新自我的诞生。所以参与者既要见证当事人的宣言，又要见证新的社会和心理身份的创造。这一步是保障仪式性治疗成功率的基础。

对约瑟夫来说，寻找参与者比较困难。他思量再三，认为自己与任何人的关系都不够亲密，没法邀请任何人参加（交朋友成为他完成仪式后的重要活动。）他仅邀请我参加，我向他保证说我会参加，尽管我的主要角色还是指导仪式过程的“专家”。他也接受了我的建议，把仪式的事告诉给家人们（他们都住在3000英里以外）。

最后一个准备环节，要求当事人在仪式开始前一周从内心和情感上开始做准备。根据个案的个人情况，可以采用单独散步、写日记、自我催眠或冥想、轻度禁食或祈祷等方法。在大多数传统仪式（以及重要演出）中，这是关键的一步，因为这会将个案的注意力从“例行公事”转移到高度的内在关注上。

**第三步：举行仪式**

仪式的执行阶段分为三个部分：1. 仪式前导入，把意识限制在仪式空间阈值意识（Turney,1969）；2. 仪式执行过程；3. 仪式后善后，将个案带回到现实社会。仪式前导入比较类似于催眠诱导，需要收紧个案的注意力、按节奏循环诱导，用具有象征意义的诱导动作将个案带入到注意力高度集中的原型—躯体状态（Gilligan,1987）。这可以通过集会发言、圣歌、祈祷、内心冥想、诗歌或其他仪式行为来做到。通常情况下，诱导出的情绪会很严肃、很强烈，看起来像是有非常重要的事情即将发生。

在约瑟夫的案例中，他在约定的日子来到了我的办公室，带来了他的仪式象征物：信件、图画和玩具火车。我们先回顾了过去一个月发生的一切，他也再次表达了决心。然后我们各自开车来到仪式地点（铁路交叉口），下车，用石头和棍子标出仪式场地。约瑟夫面对着铁轨，摆出象征旧自我的仪式象征物，盯着象征物看了一会儿，然后转向我，表示他已经准备好了。

我朝他郑重地点点头，让他“去做吧”，他再次闭上眼睛，调整下呼吸，看起来很坚定。几分钟后，他打开了这些标志物，此时的他显得非常专注，情绪激动，仿佛处于另一种意识状态。他忍住眼泪，想象着家人就在周围。在向每个人打招呼并宣布召集他们参加仪式的目的时，他那坚强而脆弱的声音因激动而嘶哑。他拿起那些象征“旧自我”的信，一封接一封地读着，每读完一封，他都大声宣告读完了，然后把信撕掉。他的情绪时不时地会波动，但每次他都会停下来冷静一下，回归中心，然后再继续。（这时，他人的支持和鼓励会对个案有助益。）

接下来，他拿出“旧自我”的画，讲述曾经发生过的事，他当时的感受，他的身份感是如何受到影响的，以及他现在是如何准备放弃这个自我的。然后，他把这些画撕得粉碎，放进盒子里烧掉。此时悲伤、愤怒、难过的情绪涌上心头。

最后的“再见”环节是玩具火车。约瑟夫把它的底部拆掉，露出滚珠轴承，轴承是用一根带子固定的。他看着玩具火车，抽泣起来。大约一分钟后，我靠近他，低声地提醒他深呼吸，放松，让感情自然“流露”，并轻轻地鼓励他继续。这有助于他专心于仪式上。他看着想象中的家人们，宣告是时候离开了。他用缓慢而有力的声音讲述了“玩具火车事件”，然后宣布已经准备好放弃旧的自我。接下来，他取下玩具火车的固定带，把轴承滚珠撒到铁轨上（这时候我才发现这些滚珠这么多，这么小）。此时他的情绪完全释放了出来。约瑟夫挺直腰板，看起来放松了许多，跟我说：“继续。”

约瑟夫走在前面，我们到了轨道的另一端。然后，他进行了“新自我”的仪式，阅读了写给未来自我的信，展示了画，并郑重地戴上他自己选择的象征新生的戒指，来进行“新自我”诞生的环节。仿佛是受到某种新的力量和精神的指引，这部分对他来说好像简单得多。

仪式的最后一部分还没有完成。几个星期前，约瑟夫在自我催眠时决定把玩具火车邮回家，并附带一封信一起交给他哥哥（就是“出卖”他的那位哥哥）。在这封令人心酸的信中，约瑟夫提到了他们一起度过的可怕童年，以及由此导致了他们两人在长大后依然抑郁和不快乐。（他哥哥也一直在与抑郁症作斗争。）约瑟夫表达了他要把自己从这种不幸中解脱出来的决心，然后讲述了童年时发生的玩具火车事件。他描述了在过去六个星期都沉浸其中的仪式过程。在自我探索的过程中，他产生了一种强烈的感觉，就是应该在仪式结束后把火车送给哥哥，他现在已经做到了。他坦言自己不完全清楚为什么会这么想，也不清楚哥哥会如何处理这个玩具火车（约瑟夫建议把它捐给慈善机构），但他强烈地感到自己已经做到了（在准备仪式的几个星期里，我通过约瑟夫的手指信号确认了这个行为非常正确）。他在信的结尾说，他深爱着哥哥，希望他们的关系会更好。

约瑟夫把这封信和玩具火车放在一个包裹里。我们各自开车去邮局，他进去邮寄。回来后，他告诉我，在进行仪式时，压在他心里好多好多年的那块大石头消失了。他看上去非常平静和自信。我称赞他在仪式期间（以及整个准备过程中）表现出的难以置信的勇气和意志，并说他做得很好。

（在我的建议下）他打算休息一天，所以我鼓励他回家去放松，好好享受他的成就。我还建议他在接下来的几周里，无论何时，只要他听到“旧声音”再次出现，就写信，这是一个很好的放下残余“旧自我”的方法（许多个案都觉得这个办法非常有用）。我提醒他，如果需要集中注意力，就看看他带回家的那个代表“新自我”的象征物。

**第四步：重新融入社会群体**

由于个案在情感上、心理上和行为上长期与社会格格不入，并深深地陷在交替的内在现实中，所以计划和执行治疗仪式是一个特别困难的过程。因此，关键点在于个案结束仪式重新融入社会群体。此时个案的注意力全都集中在现实社会中，比如朋友、工作、家庭和社交，而对“内在世界”的探索则退居其次。通常情况下，治疗应以仪式结束后的一两次面谈终止，除非有短期的具体目标。仪式是一个“全或无”（all or none）的过程，转变应在仪式行为中产生。因此，在这个问题上额外的心理探讨往往会适得其反。

下一周，我和约瑟夫再次见面时，他看起来状态特别好。他说，仪式结束后，他去买了一个新的衣柜来庆祝。他感到浑身充满活力，而且无比“开放”，并自豪地告诉我，他在工作中已经再也不会控制不住自己的面部表情了。（他在工作中做项目报告时，会很注意自己手指上的新戒指。）现在的他充满了信心，我们一致认为，既然治疗已经成功，那么他就不用继续来就医了。

大约一年后，约瑟夫打电话给我。他说他再也没有过表情失控，另外他还想要来几次催眠，因为他有了一个新爱好——拳击。我们在这个项目上花了点儿时间，在这段时间里，他告诉我工作十分顺利。

## 小结

约瑟夫的案例充分说明了仪式疗法在治疗中的重要作用。它特别有助于当事人改变身份，以及解除某些特定症状。仪式属于非理性的原型事件，个体可以借以挖掘内心深处的资源，并参与深刻的经验性和象征性对话。最重要的是，仪式能赋予个体外化外部干扰强加的意象、声音和行为的能力，并且重新唤回自己的声音、形象和躯体。

虽然约瑟夫的案例属于个案，但仪式同样也可用于夫妻、家庭和团体。它对许多种不同症状都有帮助。我对遭受过性暴力（例如乱伦或强奸）的个人、夫妻或家庭以及乱伦群体都使用过仪式疗法。有朋友和家人参与的离婚仪式对夫妻一方或双方都会有帮助。净化和赎罪仪式对出轨有用。死亡（包括堕胎）仪式令人感动。另外还有很多其他仪式分别对应暴饮暴食、吸毒过量，脱离暴力团体等（例如邪教、仪式虐待）。

无论哪种情况，治疗师都要尊重并赋予个案内在的独特性和智慧，鼓励个案自己选择仪式的象征物和行为。治疗师扮演的是“仪式指导者”的角色，主要负责提供仪式架构，支持个案与原型—躯体始终保持联结，并且见证整个过程。只有当治疗师和个案分别以各自的方式充分参与其中，仪式才会成为有效的治疗措施。

在自我关系方面，仪式疗法重新联结了躯体自我和认知自我，从而产生了全新的关系自我经验。它假设某件事切断了两个自我之间的联系，因此躯体自我在没有认知自我支持的情况下独立运作。症状则是躯体自我试图将某些经验和理解整合到关系自我中。所以仪式疗法是一种为转化症状提供解决方案和空间的支持行为。

# 后　记

我的灵魂在向前涌动，仿佛河岸在欢迎我的到来。

看起来万物皆我，我已融入画里。

我越来越接近于语言所不能及的世界。

——莱内·马利亚·里尔克（Ranier Maria Rilke），《向前迈进》（*Moving Forward*）

我们分别从心灵与自然、自我与他人，以及二元论的产生与回归的感觉场研究了关系自我的基本概念。我们已经了解了如何通过躯体自我的意识、认知自我的“我和你”的心理关系以及关系自我的意识场来认识这个生成型自我，以及任何层面的中断都会导致严重问题。心理治疗是当代主要的治愈心理创伤、帮助人成长和发展的仪式方法之一。

所有这一切的前提是爱。我们曾经想过，像纳尔逊·曼德拉、修女特雷莎、甘地和艾瑞克森这样的人只是强调爱和接纳的单纯好人，或者远不止这些。他们勇于践行并让世人看到，爱的力量远大于暴力。在接受后一种观点时，我们拒绝将“疏离”的爱视为一种软弱、多愁善感、危险、不道德或无关的情感。我们把爱理解为一种严谨的行为、一种成熟的技能、一种勇气、一种精神、一种纪律，以及所有疗愈的基础。因为爱不依赖于任何条件或环境，所以它可以在任何时间、任何地点惠及任何人。

有效的爱的主导原则是成熟的支持。我们已经了解，就像任何称职的父母都会强调爱是有效育儿的基础一样，治疗师也会认为爱及其相应的支持原则是有效治疗的基础。一个有效的支持会：（1）唤醒自己内心的善良和智慧；（2）唤醒你对周围世界的善良和智慧的认知；（3）用实践和传统来发展联结世界中的自我和自我中的世界的关系自我。换句话说，支持者会鼓励人们致力于实现自我价值，对世界做出贡献，并欣赏两者之间的整合关系。

生命之河流经每一个人，并且带来成长和发展所需的经验，支持者对此充满感恩。我们知道，要实现这些基本生命能量的人性价值和意义，就需要成熟的人格和专注，并将这些能力和方法传递给他人。正如任何一位家长都会证明的那样，如何有效地做到这一点正在不断变化。就在你以为自己已经弄明白了的时候，情况又发生了变化。

因此，前文提出的建议并不意味着真理是一成不变的。它们扮演的角色正如诗歌、祈祷和诺言，目的是鼓励人们培养自律的聆听、有效的受苦、快乐的接纳、敏锐的感知、严格的韧性、勇敢的表达、变革性的关系和谦逊的臣服，这些都是练习有效的爱所需要的品质。

爱是一切创造性行为的基础，它是人类的一部分，涉及人类的每一个重要领域，本书只提到了区区毛皮。尤其对个体来讲，我们只着重探讨了关系自我的心理和精神层面。所以我们省略了很多部分。比如说，在更大的社会层面上，需要更多的关注来修复和实践关系自我。因此，我希望这本书能够抛砖引玉，吸引各界人士加入这项研究。

在研究中，我们已经无限接近于实现泰尔哈德·德·查尔丁（Teilhard de Chardin,Sell,1995,P.vi）所说的“终极观点”：

*总有一天，在驾驭了风、潮汐和万有引力之后，我们将为上帝驾驭爱，那一天，人类将在历史上第二次发现火种。*

为了迈向那一天，克里希那穆提（Jiddu Krishnamurti,1967,P.73）说道：

放下书本、理论、传统、权威，踏上自我发现之旅。爱，不要陷入爱是什么或爱应该是什么的概念里。当你爱的时候，一切都会好起来的。爱有它自己的行为方式，你会感受到爱的祝福。要远离试图告诉你什么是爱，什么不是爱的权威。没有人知道，知道的人说不出来。爱，需要你自己去理解。

愿爱与你同在。

# 致 谢

这本书在写作中得到了如下诸位的鼎力相助。我的父母凯茜·吉利根（Cathy Gilligan）和杰克·吉利根（Jack Gilligan）给予我爱的力量。我的妻子和女儿用爱的治愈力感动了我，并使我发展出了接受和给予爱的能力，我永远感激他们。

感谢我的母亲、艾瑞克森、格雷戈里·贝特森、戈登·鲍尔（Gordon Bower）和我的合气道师父科瑞尔·科瑞（Coryl Crane）等老师们。他们的精湛技艺和专业精神在个人和技术层面上为我提供了极大的帮助。

同时也感谢与我一起工作的所有个案。尤其是在治疗遇到困难和危险时，非常荣幸能在这个过程中感受到他们的勇气和奉献精神。

我的研究得到了许多研讨会和赞助商的支持，其中包括玛丽莲·阿特金森（Marilyn Atkinson）、史蒂夫·贝克（Steve Beck）、杰克·布鲁姆（Jack Bloom）、比尔·贝克特（Bill Becket），大卫·斯特恩（David Stern）和莱恩·吉福德（Laine Gifford）、塞玛·卡里曼（Seyma Calihman）、艾琳·考利（Eileen Caulley）、山姆·坎杰洛西（Sam Cangelosi）、杰夫（Jeff）和谢丽尔·张（Cheryl Chang）、罗伯特·迪尔茨（Robert Dilts）、朱迪思·德洛泽（Judith deLozier）和特蕾莎·爱泼斯坦（Teresa Epstein）、杰夫·泽格（Jeff Zeig）和艾瑞克森基金会（Erickson Foundation）、芭芭拉·费尔菲尔德（Babara Fairfield）、卡罗尔·费斯蒙（Carol Fitzsimons）、艾琳·米琼（Irene Michon）和卡尔·阿伦·蒂宾斯（Carl Allen Tippins）、卢西亚·马克思（Lusijah Marx）、简·帕森斯（Jane

Parsons）和 NYSEPH、朱利安·罗素（Julian Russel）、冈瑟·施密特（Gunther Schmidt）、鲍勃（Bob）和金·施瓦兹（Kim Schwarz）、罗伯特·威兹（Robert Weisz）和迈克尔·亚普科（Michael Yapko）。

特别感谢来自康涅狄格州、奥斯汀市、恩西尼塔斯市、纽约市、俄勒冈州海岸，华盛顿州和西弗吉尼亚州以及波士顿“Bean”集团的顾问团。还向包括杰克·布鲁姆（Jack Bloom）、罗伯特·迪尔茨（Robert Dilts）、伊冯·多兰（Yvonne Dolan）和查理·约翰逊（Charlie Johnson）、卡罗尔·费斯蒙（Carol Fitzsimons）、比尔·奥汉隆（Bill O'Hanlon）、莫琳·奥哈拉（Maureen O'Hara）、冈瑟·施密特（Gunther Schmidt）、哈里·希夫曼（Harry Shifman）、德沃拉·西蒙（Dvorah Simon）和杰弗里·泽格（Jeffrey Zeig）在内的朋友和同事致敬。

我亲爱的朋友巴里·埃尔金（Barry Elkin）坚定不移地陪伴在我身边。

给予我灵感和支持的长跑夫妻团和索拉纳海滩关系研讨会。

我的编辑苏珊·芒罗（Susan Munro）在手稿出版方面非常耐心、温和。

以上所有人，谢谢你们。

# 参考文献

Barks, C.(Ed. & Trans.). (1995) .*The essential Rumi*. NewYork: Harper Collins.

Bateson,G.(1955/1972). A theory of play and fantasy: A report on theoretical aspects of the project for study of the role of paradoxes of abstraction in communication. In G. Bateson,*Steps to an ecology of mind.* New York: Ballantine.

Bateson, G.(1970/1972). Form,substance and difference.Reprinted in G.Bateson, *Steps to an ecology of mind*. New York: Ballantine.

Bateson, G.(1972). *Steps to an ecology of mind*. New York: Ballantine.

Bateson, G.(1975). Ecology of mind: The sacred.In R.Fields (Ed.), *Loka*: *A Journal from the Naropa Institute*. Garden City: Anchor.

Bateson, G.(1979). *Mind and nature*: *A necessary unity*. New York: Dutton.

Bateson, G., &Bateson, M.C.(1987). *Angels fear*: *Towards an epistemology of the sacred*. New York: Macmillan.

Baudrillard, J.(1995) .The map precedes the territory.In W.T.Anderson(Ed.), *The truth about truth*: *De-confusing and re-constructing the postmodern world.* New York: G.P.Putnam's Sons.

Berry, W.(1977). *The unsettling of America*: *Culture and agriculture*. San Francisco: Sierra Club.

Blakeslee, S.(Jan.23, 1996) .Complex and hidden brain in the stomach makes butterflies and stomach aches. *New York Times*.

Bly, R.(1986) .The good silence.In R.Bly, *Selected poems*, New York: Harper &Row.

Bly, R.(1986) .Four ways of knowledge.In R.Bly, *Selected poems*. New York: Harper&Row.

Buber, M.(1923/1958) .*I and thou.* (R.G.Smith, Trans.) .New York: Scribner &Sons.

Buber, M.(1947). *Tales of the Hassidism.* New York: Schocken Books.

Campbell, J.(1984) .*The way of the animal powers*. London: Times Books.

Capek, M.(1961). *The philosophical impact of contemporary physics*. Princeton, NJ: D.Van Nostrand.

Carolan, T.(May, 1996) .The wild mind of Gary Snyder. *Shambhala Sun.*

Castenada, C.(1974) .*Tales of power.* New York: Simon&Schuster.

Chodron, P.(1994). *Start where you are: A guide to compassionate living.*Boston: Shambhala.

Chopra, D.(1989). *Quantum healing: Exploring the frontiers of mind/body medicine.*New York: Bantam,

Csikszentmihalyi, M.(1990). *Flow: The psychology of optimal experience.* New York: Harper Perennial.

Deikman, A.(1963). Experimental meditation.*Journal of Nervous and Mental Disorders*, 135, 329-373.

Deikman, A.(1966) .Deautomization and the mystic experience.*Psychiatry,* 29,324-388.

Deng, Ming-Dao(1992). 365 Tao.New York: Harper Collins.

Derrida, J.(1977). *Of grammatology*. Baltimore: Johns Hopkins University Press.

de Shazer, S.(1985). *Keys to solution in brief therapy.*New York: Norton.

Dolan,Y.(1991).*Resolving sexual abuse: Solution-focused therapy and Ericksonian hypnosis for adult survivors*. New York: Norton.

Eliot, T.S.(1963) .The four quartets.In T.S.Eliot,*Collected poems*: I909-1962.San Diego: Harcourt Brace Jovanovich.

Epstein, S.(1994) .Integration of the cognitive and the psychodynamic unconscious.*American Psychologist*, 49, 8, 709-724.

Erickson, M.H.(1962/1980b) Basic psychological problems in hypnotic research. In G.Estrabrooks(Ed.) , *Hypnosis*: *Current problems*. New York: Harper&Row. Reprinted in E.L.Rossi(Ed.) , *The collected papers of Milton H.Erickson on hypnosis* (Vol.2) .New York: Irvington.

Erickson, M.H.&Kubie, L.(I940/1980d) .The translation of the cryptic automatic writing of one hypnotic subject by another in a trancelike dissociated state.*Psychoanalytic Quarterly*, 10(1) , 5-63.Reprinted in E.L.Rossi(Ed.) *The collected papers of Milton H.Erickson on hypnosis*(Vol.4) .New York: Irvington.

Erickson, M.H., &Rossi, E.L.(1979) .*Hypnotherapy: An exploratory casebook.* New York: Irvington.

Erlich, D.(July, 1996) .Meredith Monk: In search of the primordial voice. *Shambhala Sun.*

Fields, R.(1991). *The code of the warrior*: *In history, myth, and everyday life.*New York: Harper Perennial.

Flemons, D.(1991) .*Completing distinctions*: *Interweaving the ideas of Gregory Bateson and Taoism into a unique approach to therapy*. Boston: Shambhala.

Forster, E.M.(1985) .Howard's end.New York: Bantam.

Freud, S.(1909) .Analysis of a phobia in a five-year-old boy.In J.Strachey (Ed.&Trans.) , *The standard edition of the complete psychological works of Sigmund Freud*(Vol.10, pp.3-152) .New York: Norton.

Freud, S.(1912). Recommendations to physicians practicing psychoanalysis.In J.Strachey(Ed.&Trans.) , *The standard edition of the complete psychological works of Sigmund Freud*(Vol.18, pp.234-254) .New York: Norton.

Fromm, E.(1947) .*Man for himself*: *An inquiry into the psychology of ethics.*New York: Holt, Rhinehart, &Winston.

Fromm, E.(1956) .*The art of loving.*New York: Harper&Row.

Gendlin, E.(1978) .*Focusing*.New York: Bantam.

Gershon, M.D., Kirchgessner, A.L., &Wade, P.(1994) .Functional autonomy of the enteric nervous system.In L.R.Johnson(Ed.) , *Physiology of the gastrointestinal tract, Third ed*.New York: Raven.

Gibran, K.(1923) .*The prophet*.New York: Knopf.

Gilligan, S.G.(1987) .*Therapeutic trances: The cooperation principle in Ericksonian hypnotherapy*.New York: Brunner/Mazel.

Gilligan, S.G.(1988) .Symptom phenomena as trance phenomena.In J.Zeig&S. Lankton(Eds.) , *Developing Ericksonian therapy: State of the art*. New York: Brunner/Mazel.

Gilligan, S.G.(1994) .The fight against fundamentalism: Searching for soul in Erickson's legacy.In J.Zeig(Ed.) , *Ericksonian methods: The essence of the story*.New York: Brunner/Mazel.

Gilligan, S.G.(1996) .The relational self: The expanding of love beyond desire.In M.Hoyt(Ed.) ,*Constructive therapies: Expanding and integrating effective*(Vol.2) .New York: Guilford.

Gilligan, S.G.&Bower, G.H.(1984) .Cognitive consequences of emotional arousal. In C.E.Izard, J.Kagan, &R.Zajonc(Eds.) , *Emotions, cognitions,and behavior*. New York: Cambridge Press.

Gilligan, S.G.&Price, R.(Eds.) .(1993) .*Therapeutic conversations*.New York: Norton.

Ginsberg, A.(1992) .Meditation and poetics.In J.Welwood(Ed.) , *Everyday life as spiritual path*.Boston: Shambhala.

Haley, J.(1984) .*Ordeal therapy*.San Francisco: Jossey-Bass.

Halifax, J.(1994) .*The fruitful darkness: Reconnecting with the body of the earth*. New York: Harper Collins Paperback.

Herman, J.(1992) .*Trauma and recovery: The aftermath of violence from domestic abuse to political terror*.New York: Basic.

Houston, J.(1980) .*Life force: The psycbo-historical recovery of the Self.* New York: Dell.

Houston, J.(1987) .*The search for the beloved: Journeys in mythology and sacred psychology*.Los Angeles: Tarcher.

Imber-Black, E., Roberts, J., &Whiting, R.(1989) .*Rituals in families and family therapy*.New York: Norton.

Jeffares, A.N.(Ed.) .(1974) .*W.B.Yeats: Selected poetry*.London: Pan.

Jenkins, A.(1990) .*Invitations to responsibility: The therapeutic engagement of men wbo are violent and abusive*.Adelaide, South Australia: Dulwich Centre Publications.

Joyce, J.(1916) .*A portrait of an artist as a young man*.London: Jonathan Cape, Ltd.

Jung, C.G.(1916/1971) .*The structure and dynamics of the psyche*.Reprinted in J.Campbell(Ed.) , *The portable Jung*.New York: Penguin.

Jung, C.G.(1919/1971) .Instinct and the unconscious.Reprinted in J.Campbell (Ed.), *The portable Jung*.New York: Penguin.

Jung, C.G.(1954) .*Symbols of transformation*.Princeton, NJ: Princeton University Press.

Jung.C.G.(1957) .Commentary on "The secret of the golden flower".In H.Read, M.Fordham, &G.Adler(Eds.) and R.F.C.Hull(Trans.) , *The collected works of C.G.Jung*(Vol.13) .Princeton, NJ: Princeton University Press.

Jung, C.G.(1969) .*The psychology of the transference*.Princeton,NJ: Princeton University Press.

Keen, S.(1986). *Faces of the enemy: Reflections of the hostile imagination*.San Francisco: Harper&Row.

Keeney, B.(1977) .*On paradigmatic change: Conversations with Gregory Bateson.*

Unpublished manuscript.

Keeney, B.(1983) .*Aesthetics of change.*New York: Guilford.

Keller, H.(1902/1988) .*The story of my life.*New York: Signet.

Koestler, A.(1964). *The act of creation: A study of the conscious and unconscious in science and art.*New York: Dell.

Krishnamurti, J.(1967) .*Commentaries on living: Third series.*Wheaton, IL: Theosophical Publishing House.

Laing, R.D.(1987) .Hatred of health.*Journal of contemplative psychotherapy,*4.

Lankton, S., &Lankton, C.(1983) .*The answer within: A framework for Ericksonian hypnotherapy.*New York: Brunner/Mazel.

Machado, A.(1983) .*Times alone: Selected poems of Antonio Machado*(R. Bly,Trans.) .Middletown, CT: Wesleyan University Press.

Madanes, C.(1990) .*Sex, love, and violence: Strategies for transformation.*New York: Norton.

Merton, T.(1948) .*The seven storey mountain.*New York: Harcourt Brace.

Merton, T.(1964) .(Ed.) .*Gandhi on non-violence: A selection from the writings of Mahatma Gandhi.*New York: New Directions.

Moore, R.&Gillette, D.(1990) .*King, warrior, magician, lover: Rediscovering the archetypes of the mature masculine.*New York: Harper Collins.

Neruda, P.(1969) .Keeping quiet.In *Extravagaria*(A.Reid, Trans.) .London: Farrar, Straus&c Giroux.

Nhat Hanh, T.(1975) .*The miracle of mindfulness.*Boston: Beacon.

Nhat Hanh, T.(1991) .*Peace is every step: The path of mindfulness in everyday life.*New York: Bantam.

O'Hara, M.(1996) .*Relational empathy: From modernist egocentrism to postmodern contextualism.*Manuscript in preparation.

Osbon, D.(1991) .(Ed.) *Reflections on the art of living: A Joseph Campbell*

*Companion*.New York: Harper Collins.

Oz, A.(1995) .Like a gangster on the night of the long knives.InN.de Lange (Trans.), *Under this blazing light*.Cambridge: Cambridge University Press.

Palazzoli, M.S., Boscolo, L., Cecchin, G.F., &Prata, G.(1978). *Paradox and counterparadox*.New York: Jason Aaronson.

Pearson, C.S.(1989) .*The hero within: Six archetypes we live by*.New York: Harper&Row.

Richards, M.C.(1962) .*Centering: In pottery, poetry and the person*.Middletown, CT: Wesleyan U.Press.

Rilke, R.(1981a) .Moving forward.In R.Bly(Ed.&Trans.) , *Selected poems of Rainier Maria Rilke*.New York: Harper&Row.

Rilke, R.(1981b) .The man watching.In R.Bly(Ed.&Trans.) , *Selected poems of Rainier Maria Rilke*.New York: Harper&Row.

Rossi, E.L.(1977) .The cerebral hemispheres in analytical psychology.*Journal of analytical psychology*, 22, 32-51.

Rossi, E.L.(I980a) .(Ed.) .*The collected papers of Milton H.Erickson on hypnosis*(Vol.1) .New York: Irvington.

Rossi, E.L.(1980b) .(Ed.) .*The collected papers of Milton H.Erickson on hynosis*(Vol.2) .New York: Irvington,

Rossi, E.L.(I980c) .(Ed.) .*The collected papers of Milton H.Erickson on by hpnosis*(Vol.3) .New York: Irvington.

Rossi, E.L.(1980d) .(Ed.) .*The collected papers of Milton H.Erickson on hypnosis*(Vol.4) .New York: Irvington.

Schiller, D.(1994) .*The little Zen companion*.New York: Workman.

Sell, E.H.(1995) .(Ed.) .*The spirit of loving: Reflections on love and relationship by writers, psychotherapists, and spiritual teachers*.Boston: Shambhala.Selye, H.(1956) .*The stress of life*.New York: McGraw-Hill.

Shapiro, F.(1995) .*Eye movement desensitization and reprocessing*.New York: Guilford.

Sharansky, N.(1988) .*Fear no evil*(S.Hoffman, Trans.) .New York: Random House.

Sivaraska, S., &Harding, V.(1995) .Loving the enemy.*Shambhala Sun,* 4(2) ,61-63.

Snyder, G.(I980) .*The real work*: *Interviews and talks*, 1964-1979.Edited by William Scott McLean.New York: New Directions.

Some, M.(1994) .*Of water and spirit*: *Ritual, magic, and initiation in the life of an African Shaman.*New York: Tarcher.

Stephens, J.(Ed.) .(1992) .*The art of peace*: *Teachings of the founder of aikido.* Boston: Shambhala.

Strozier, C.(1994) .*Apocalypse*: *The psychology of fundamentalism in America.* New York: Beacon.

Suzuki, D.T.(1960) .Lectures on Zen Buddhism.In E.Fromm, D.T.Suzuki, &R.DeMartino(Eds.) , *Zen Buddhism and psychoanalysis.*New York: Harper Colophon.

Tart, C.(Ed.) .(1969) .*Altered states of consciousness.*Garden City,NY: Double day.

Tohei, K.(1976) .*Book of Ki*: *Co-ordinating mind and body in daily life.*Tokyo: Japan Publications.

Toms, M.(1994) .Writing from the belly: An interview with Isabel Allende. *Common Boundary*, 12(3) , 16-23.

Trungpa, C.(1984) .*Shambhala*: *The sacred path of the warrior.*Boston: Shambhala.

Trungpa, C.(1993) .*Training the mind and cultivating loving-kindness.*Boston: Shambhala.

Turner, V.(1969) .*The ritual process*: *Structure and anti-structure.*Chicago: Aldine.

van der Hart, O.(1983) .*Rituals in psychotherapy*: *Transition and continuity.*New York: Irvington.

van der Kolk, B.(1994) .The body keeps the score: Memory and the evolving psychobiology of posttraumatic stress.*Harvard Rev.Psychiatry,*1, 253-265.

Varela, F.J., Thompson, E., &Rosch, E.(1993) .*The embodied mind: Cognitive science and human experience.*Cambridge, MA: MIT Press.

Watzlawick, P., Weakland, J., &Fisch, R.(1974) .*Change: Principles of problem formation and problem resolution.*New York: Norton.

White, M., &Epston, D.(1990) .*Narrative means to therapeutic ends.*New York: Norton.

Wilber, K.(1995) .*Sex, ecology, spirituality.*Boston: Shambhala.

Wilson, B.(1967) .*As Bill sees it: The AA way of life.*New York: Alcoholics Anonymous World Services Inc.

Wittgentstein, L.(1951) .*Tractatus logico-philosophicus.*New York: Humanities Press.

Woodman, M.(1993) .*Conscious femininity: Interviews with Marion Woodman.* Toronto: Inner City Books.

Yeats, W.B.(Ed.) .(1905/1979) .*The poems of William Blake.*London: Routledge&Kegan Paul.

Zeig, J.K.(I98o) .*A teaching seminar with Milton Erickson.*New York: Brunner/ Mazel.

Zoja, L.(1989) .*Drugs, addiction, and initiation: The modern search for ritual.* Boston, MA: Sigo.